Betriebswirtschaftliche Aspekte des Bibliothekswesens im Hochschulbereich

Freie wissenschaftliche Arbeit
zur Erlangung des Grades eines Diplom - Ingenieurs
an der Fakultät für Wirtschaftswissenschaften der
Technischen Universität Berlin

Bei Herrn Prof.Dr.oec.publ. Karl Scheidl

Eingereicht am 19. Juni 1969
von cand. ing.
Gerhard Kissel, Matr. Nr. 22 724
aus Berlin

Gliederung

Teil I: Begriffliche Bestimmung und Abgrenzung

In diesem ersten Teil der Untersuchung ist, gemäß dem gestellten Thema: Betriebswirtschaftliche Aspekte des Bibliothekswesens im Hochschulbereich, näher darzustellen:

(a) Die Rechtfertigung dazu, den Bibliotheksorganismus insgesamt betriebswirtschaftlicher Betrachtungsweise zu unterwerfen, und ferner wird mitzuteilen sein, welches betriebswirtschaftliche Instrumentarium bei der Untersuchung angewandt werden soll.

(b) Über die Inhalte des Begriffes "Bibliothek" besteht keine Einigkeit; ohne versuchen zu wollen, eine allgemeingültige Definition herzuleiten, wird ein Modell einer hochschulbezogenen Bibliothek postuliert werden, als Grundlage dieser Untersuchung.

(c) Abschließend sei, aufbauend auf das vorher erklärte begriffliche Grundmodell, dargestellt, welche besonderen Merkmale eine Hochschulbibliothek trägt.

1. Über die Frage der Zulässigkeit betriebswirtschaftlicher Betrachtungsweise der Bibliothek

(1) Gibt es die zweckfreie Bibliothek, aus sich heraus daseinsberechtigt? Es gibt sie so wenig wie den Produktionsbetrieb, der weder zu einem Beschaffungs- noch zu einem Absatzmarkt in Verbindung steht. Nicht grundsätzlich anders steht es um die Bibliothek: Auch sie hat ihren Beschaffungs- und Absatzmarkt und produziert Güter, wenn auch i.d.R. keine materiellen[1]. Anders ausgedrückt: Der Begriff Bibliothek impliziert das Vorhandensein eines Angebotes, Informations-

1) Zur Betrachtung der Bibliothek als Betrieb vgl.: Zur Arbeitsorganisation wissenschaftlicher Bibliotheken, hrsg. von der Kommunalen Gemeinschaftsstelle für Verwaltungsvereinfachung (KGST) und der Deutschen Forschungsgemeinschaft (DFG), Köln und Bad Godesberg 1969, Punkt 0.2: Die Bibliothek als Betrieb; Kortzfleisch, H.v., Gutachten über Rationalisierungsmöglichkeiten in wissenschaftlichen Bibliotheken, DFG, Bad Godesberg 1969, S. 5; Luhn, H.P., Automation und Feedback in einem umfassenden wissenschaftlichen Kommunikationssystem, in: NfD 10 (1959) 4, S. 173 f.

träger (Bücher, Zeitschriften, Mikrofilme usw.) zu benutzen, und einer diesem Angebot entsprechenden Nachfrage, die ihrerseits entstanden ist aus dem menschlichen Bedürfnis zu wissen. Die gegebene "Knappheit" der vorhandenen Mittel zur Befriedigung dieses Bedürfnisses verlangt es, bei dem Vorgang der Bedarfsdeckung gemäß dem Prinzip der Wirtschaftlichkeit zu verfahren. Daraus folgt, daß Instrumentarium und Methoden der Betriebswirtschaftslehre geeignete Hilfsmittel darstellen, um den Bibliotheksbetrieb kritisch zu durchleuchten[1].

(2) Sowohl in der Vorgehensweise als auch bezüglich der verwendeten Begriffe lehnt sich die Arbeit an das Gutenbergsche System der produktiven Faktoren an, da dieses instrumental genannt werden kann, also grundsätzlich auf jede Art von Betrieb anwendbar ist. Da aber Gutenbergs "Grundlage der Betriebswirtschaftslehre"[2] sich vor allem Fragen zuwendet, die mit der betrieblichen Leistungserstellung in Fertigungsbetrieben in Zusammenhang stehen, wurde das System der produktiven Faktoren entsprechend den Bedingungen eines Betriebes mit vorwiegend Dienstleistungscharakter modifiziert; die einzelnen Abweichungen werden dann gesondert begründet werden.

2. Die Bibliothek und die sie konstituierenden Aufgabenkreise

2. 1. Das System von grundlegenden und abgeleiteten Aufgabenkreisen im Zusammenhang

Die folgenden Ausführungen tragen, obwohl primär hochschulbezogen, für Bibliotheken allgemeinverbindlichen Charakter. Es wird deshalb zusätzlich folgende Einteilung vorgenommen:

- Über Grundziele der Bibliothek
- Über instrumentale Ziele der Bibliothek

1) Zur Frage, welche Merkmale eine betriebswirtschaftliche Betrachtungsweise begründen, vgl.: Gutenberg, E., Grundlagen der Betriebswirtschaftslehre, Bd. 1: Die Produktion, 14. Aufl., Berlin 1968, S. 1 f.; Mellerowicz, K., Allgemeine Betriebswirtschaftslehre, Bd. 1, 12. Aufl., Berlin 1964, S. 1 f.; Löffelholz, J., Repetitorium der Betriebswirtschaftslehre, 2.Aufl., Wiesbaden 1967, S. 17.

2) Vgl. Gutenberg, E., a.a.O.

- Über Mittel der Bibliothek

Die Reihenfolge beinhaltet dabei von Stufe zu Stufe ein Ziel-Mittel-Verhältnis.

Weiter ist zu beachten, daß die später erklärten grundlegenden Aufgabenkreise der Ebene der instrumentalen Ziele, die abgeleiteten Aufgabenkreise der Ebene der Mittel angehören.

(1) Über Grundziele der Bibliothek

"Eine allgemein anerkannte Definition des Begriffes Bibliothek hat sich bis heute noch nicht herausgebildet."[1] Daß diese Unbestimmtheit nicht alleine Abgrenzungskriterien z.B. gegenüber Büchereien und bloßen Buchsammlungen betrifft, scheint seinen Grund zu haben in der engen Verflechtung der Institution Bibliothek mit der sie jeweils prägenden Gesellschaft. Daß es jedenfalls sinnvoll ist, die sich wandelnden Funktionen und Aufgaben der Bibliotheken als Ausdruck der sie umgebenden Gesellschaft zu begreifen und ihre wechselseitige Beeinflussung zu untersuchen, hat Peter Karstedt in seinem Werk gezeigt[2]. Die Konsequenz aus dieser Zuordnung von Gesellschaft und Bibliothek kann nur lauten, daß es eine Definition der Bibliothek "an sich" nicht geben kann. Der Begriff Bibliothek ist m.E. nur dann sinnvoll zu definieren, wenn der Bezug zu Zeit und Raum hergestellt wird:

Zu einem bestimmten Zeitpunkt erhalten Bibliotheken in verschiedenen Staaten unterschiedliche Aufgaben zugeteilt (Zuordnung zum Raum). Ferner (Zuordnung zur Zeit): So wie die die Bibliothek umgebende Gesellschaft nicht geschichtslos ist, so besteht auch eine zumindest im europäischen Raum fast übermächtige bibliothekarische Tradition und Geschichte. Damit ist der Bezugspunkt "Zeit" noch nicht erschöpft; denn neben der Rückschau existiert eine weitere Bestimmungsgröße: die Vorschau auf in der Zukunft mögliche bzw. wahr-

1) Fuchs, H., Bibliotheksverwaltung, Wiesbaden 1963, S. 1.

2) Karstedt, P., Studien zur Soziologie der Bibliotheken, in: Beiträge zum Buch- und Bibliothekswesen, Bd. 1, Wiesbaden 1954.

scheinliche Aufgaben.

Zuordnung zu Raum und Zeit prägen die Grundziele der Bibliothek; werden sie bewußt wahrgenommen, schafft sich die Bibliothek die Möglichkeit, als ein "dynamischer Faktor" (Karstedt) der Gesellschaftsbildung zu wirken.

Die oben bezeichnete Abhängigkeit der Grundziele von gesellschaftlichen Tatbeständen enthebt uns aber der Notwendigkeit, sie im Rahmen einer betriebswirtschaftlichen Betrachtung des Objektes Bibliothek näher darzustellen. Die instrumentalen Ziele dagegen verlangen eingehend behandelt zu werden:

(2) Über instrumentale Ziele der Bibliothek
oder:
Beschaffen, Aufbereiten und Wiederfinden von Informationen[1] als grundlegende Aufgabenkreise[2]

(a) Als historisch gewachsene Aufgaben mag das Sammeln, Ordnen und Aufstellen literarischer Dokumente wissenschaftlichen, belehrenden und unterhaltenden Inhalts bezeichnet werden. Zweck dieser Sammlungen ist es, sie öffentlicher oder privater Benutzung zuzuführen[3].

Auf einen Nenner gebracht, kann man sagen, daß eine Haupt-

1) Bemerkung zur Terminologie: Die drei grundlegenden Aufgabenkreise heißen 1. Beschaffen, 2. Aufbereiten und 3. Wiederfinden von Informationen. In Anbetracht der Begriffskategorien von Informationstheorie und Kybernetik ist diese Bezeichnung nicht unproblematisch. Information ist aber von allen anderen Begriffen, die in Erwägung gezogen worden waren, wie z.B. "Daten", "Nachrichten", "Zeichen", derjenige, der am weitesten gefaßt werden darf. Vgl. zu den einzelnen Begriffen: Wörterbuch der Kybernetik, hrsg. von G. Klaus, Berlin 1968, daselbst die oben angegebenen Stichworte.

2) Anstatt des Wortes "Funktion" wird hier, einer Anregung Behlerts folgend, der genauere Begriff "Aufgabenkreise" benutzt; siehe: Acker, B., Zur Theorie der organisatorischen Stellengliederung, Dissertation TU Berlin, 1952, 1. Exkurs: Über den Funktionsbegriff in der Literatur (Im Irrgarten der Funktionen), S. 17.

3) Vgl. Fuchs, H., a.a.O., S. 1.

aufgabe der Bibliotheken darin bestand und noch besteht, nicht Informationen selbst, sondern deren Träger, seien es nun Ton-, Bild- oder Schriftträger, zu sammeln, zu ordnen und der Benutzung zugänglich zu machen(Beschaffen).

(b) Eine andere Aufgabe, die wohl auch geschichtlich genannt werden muß, obwohl ihre Bedeutung mit dem Fortschreiten der Zeit mehr und mehr wuchs, ist die Auskunftserteilung und die Pflege des bibliographischen Apparates. Diens der alphabetische Katalog dem Nachweis des Vorhandenseins z.B. eines bestimmten Buches, richtet sich also ausschließlich an den Informations<u>träger</u> (und gehört damit noch dem Aufgabenkreis Informationsbeschaffung an), geht der Sachkatalog bereits einen Schritt weiter. Er erschließt das Sammelgut nach inhaltlichen Gesichtspunkten, richtet sich demnach an die <u>Information</u> selbst. Dieser Schritt zur Informationsaufbereitung erfolgte im Prinzip bereits 1738[1].

Was die Gegenwart auszeichnet in Beziehung auf diesen zweiten Aufgabenkreis, so ist es der veränderte Stellenwert, der ihm zugemessen wird.

(c) Das Wiederfinden gespeicherter Informationen schließlich verlangt von der Bibliothek besondere Anstrengung. Zur Begründung dieses Anspruches (und auch zur Charakterisierung des Stellenwertes der Informationsaufbereitung) im folgenden mehr:

Da ist zunächst die Tatsache, daß etwa 25 % der für die Forschungs- und Entwicklungsarbeit zur Verfügung stehenden Zeit für die Literatursuche und das Literaturstudium aufgewendet wird[2].

Die Schätzungen des Aufwandes für Doppelarbeit in der Forschung wegen nicht ausgenutzter Informationen schwanken zwi-

---

1) Fuchs, H., a.a.O., S. 126.

2) Vgl. Zekalle, R., Zur Ökonomie in der Information, in: ZIID 12 (1965) 6, S. 162.

schen 10[1] und 30[2] Prozent. In absoluten Zahlen ausgedrückt, heißt das für die USA (1959), daß etwa 5 Milliarden DM, für das Vereinigte Königreich, daß zwischen 6 und 12 Millionen Pfund (1962) vergeudet worden wären[3].

Die Zeit, in der sich die Zahl der wissenschaftlichen Publikationen verdoppeln soll, wird mit 9[4] bis 15[5] Jahren angegeben. Die Zahl der Menschen, die eine wissenschaftliche Ausbildung erstreben bzw. wissenschaftlich arbeiten, ist ebenfalls in stürmischer Aufwärtsentwicklung begriffen[6]. Fügt man zu dieser Tatsache die Erkenntnis, daß der Mensch als biologisches System bezüglich seiner Kommunikationsmöglichkeit in mehrfacher Hinsicht begrenzt ist, nämlich bezüglich der Kapazität des Kommunikationsweges und bezüglich des Informations-Output in Abhängigkeit von der Belastung des Kommunikationsweges[7], dann ist leicht einzusehen, daß wir in einer "latenten Informationskrise" stehen: Wir stehen heute hinsichtlich des Informations-Input in einem Zustande dauernder Belastung, so daß mit einem "Mehr" an Informationen nicht mehr geholfen ist, sondern vielmehr die Qualität der Information selbst geändert werden muß.

Mit einer verbesserten Qualität ist es jedoch noch nicht getan; da die meisten menschlichen Entscheidungen in Zeiträumen fallen, die nach Sekunden gemessen werden, verlangt der Mensch von den Informationen, daß sie auch schnell verfügbar seien.[8]
Daß dergleichen Forderungen nicht Ausfluß schöngeistiger Träu-

---

1) Lechmann, H., Dokumentation und Information als Anliegen der Bundesrepublik Deutschland, in: NfD 15 (1964), 4, S. 159.

2) Science, economic growth and government policy, OECD, Paris 1963, S. 42.

3) Lechmann, H., a.a.O., S. 159.

4) Steinbuch, K., Zukunftsaufgaben der Informationstechnik, in: ZfBB 15(1968), 5/6, S. 302.

5) Lechmann, H., a.a.O., ebenda.

6) Kluth, R., Bibliotheksstruktur und Baustruktur, in: ZfBB 13 (1965), 12, S. 3 f.

7) Knox, W.T., Informationsarbeit für die Forschung, in: NfD 13 (1962), 1, S. 3 f.

8) Steinbuch, K., a.a.O., S. 302.

merei sind, zeigt die Einschätzung der Bedeutung der Information im Range eines nationalen Rohstoffes[1]: "Die informierte Gesellschaft ist der nichtinformierten Gesellschaft überlegen"[2], denn "die Industriegesellschaft ist abhängig von der aktiven Auswertung (Unterstreichung vom Verfasser) von Information für ihren Vorwärtsdrang und ihren ständigen Fortschritt"[3].

Aktives Auswerten, das bedeutet Informationswiederfindung betreiben. Daß es zumindest eine vernünftige Möglichkeit darstellt, von der Bibliothek die Erfüllung dieser Forderung zu verlangen, bedarf noch einer Erklärung[4]:

"Eine sehr wichtige Aufgabe der Gesellschaft ist es, Informationen dem allgemeinen Gebrauch zur Verfügung zu stellen. Was wir als "Kulturerbe" bezeichnen, ist ein dem allgemeinen Gebrauch zugänglicher Besitz von Informationen: Juristische Codices, Theologische Überlieferung, Dichtwerke, Werke der bildenden Kunst usw. - Im Laufe der Zeit verändert sich die Form, in der gesellschaftlich relevantes Wissen weitergegeben wurde... Wenn nun in unserer Zeit und in Zukunft die Veränderung des Wissens sehr viel schneller als in früheren Zeiten geschieht, so müssen auch andere Techniken der Sammlung und

1) Pietsch, E., Struktur von Informationseinrichtungen, in: NfD 15 (1964), 4, S. 30; Lechmann, K., a.a.O., S. 158.; Knox, W.T., a.a.O., S. 7.

2) Steinbuch, K., a.a.O., S. 295.

3) Knox, W.T., ebenda S. 3.

4) Selbstverständlich soll nier nicht behauptet werden, allein die Bibliotheken hätten diese Aufgaben zu erfüllen. Sie werden vielmehr als Stellen in einem Netzwerk der Informationsvermittlung verstanden, das sich aus verschiedenen Elementen zusammensetzt, worunter sich insbesondere auch Dokumentationsdienste befinden; zur besonderen Rolle der Dokumentationsdienste in diesem Zusammenhang vgl. Lechmann, H., a.a.O., S. 160; Sviridov, F.A., Das "All-Unions-Institut für wissenschaftliche Information der Akademie der Wissenschaften der UDSSR" (VINITI) - Aufgaben und Tätigkeiten, in: NfD 17 (1966), 6, S. 197 ff.; Report of the last session of the ICSU-Unesco Central Committee to study the feasibility of a World Science Information System, Unesco, Paris, 6-8 December 1967, insbes. S. 4.

der Präsentation gefunden werden."[1]

Es bedarf keiner weiteren Erklärung, daß es (in Europa) in den letzten 2 000 Jahren Bibliotheken waren, die diese Funktion der "Perenität" (Karstedt) ausgeübt haben. Fordert man von der Bibliothek heute, Datenaufbereitung in verstärktem Maße zu betreiben und sich um die Datenwiederfindung zu bemühen, so stellt dies nichts weiter als einen Apell dar, einer historisch begründeten Aufgabe treu zu bleiben und das Prinzip der Perenität zu bewahren.

Was allerdings dringend[2] neuer Überlegung bedarf, ist die Art, in der diese Aufgabe begriffen werden muß.

(3) Über Mittel der Bibliothek oder: Abgeleitete Aufgabenkreise

Drei grundlegende Aufgabenkreise wurden in den vorausgegangenen Ausführungen dem Begriff Bibliothek als konstituierende Merkmale zugeordnet:

Beschaffen,
Aufbereiten und
Wiederfinden von Informationen.

Mit ihrer Hilfe lassen sich jedoch noch nicht alle Aufgaben der Bibliothek beschreiben. Zu ihrer Ergänzung bedarf es der "abgeleiteten" Aufgabenkreise, die zu den grundlegenden in einem Mittelverhältnis stehen: Sie bilden den Teil der Regelungen und Einrichtungen, die die Nutzbarmachung der im Prinzip wahrgenommenen grundlegenden Aufgabenkreise erst ermöglichen (z.B. durch die Art der Benutzungsmöglichkeit, durch Kopierdienste oder durch Beratung in Benutzungsfrage); die Art, in der abgeleitete Aufgabenkreise wahrgenommen werden, entscheidet in hohem Maße über das Maß der Wirksamkeit, mit dem eine Bibliothek ihre grundlegenden Aufgaben erfüllt.

---

1) Steinbuch, K., a.a.O., S. 299.

2) Vgl. dazu z.B. die treffende Kritik an den deutschen Universitätsbibliotheken von W. Kehr, in: Festgabe H. Fuchs: Aktuelle Probleme der Bibliotheksverwaltung, Wiesbaden 1966, S. 73 f.

Bevor im nächsten Punkt die Aufgabenkreise im einzelnen besprochen werden, sei ihr Zusammenspiel anhand des Schaubildes[1] auf S. 10 verdeutlicht.

2. 2. Grundlegende Aufgabenkreise im einzelnen

(1) Beschaffen von Informationen

Der Aufgabenkreis Beschaffen von Informationen beinhaltet das Beschaffen von Büchern, Zeitschriften usw., von Direktkopien, Mikrokopien, Ton-, Bild- und anderen Informationsträgern (z.B. Magnetbändern).

Zweck des Beschaffens kann es sein, das Gut
- zu sammeln und in Räumen der Bibliothek aufzustellen,
- an den Benutzer zu vermitteln (Rückgabe eingeschlossen) oder
- endgültig an den Benutzer, man denke an Kopien der Fernleihe, weiterzugeben.

Die Beschaffung[2] selbst erfolgt durch Kauf, Tausch, Leihe oder durch Entgegennahme von Pflichtexemplaren usw. oder Schenkung. Beschaffungsmärkte sind der Buchmarkt, Abkommen über Leihverkehr und über Dissertationstausch, die Rechtsvorschriften zur Abgabe der Pflichtexemplare, Auktionen usw.

Die Marktgegebenheiten sind zu einem Teil festgelegt durch gesetzliche Regelungen (Pflichtexemplarrecht, Kartellgesetz) bzw. durch Parteiabsprachen (z.B. zwischen Verlegern und Buchhandel); in diesem Bereich besteht für Bibliotheken derzeit wenig Bewegungsfreiheit[3].

Über größere Gestaltungsfreiheit verfügen die Bibliotheken da-

---

1) Gezeichnet in Anlehnung an das Schaubild: "Die Funktionen der Bibliothek als Mittlerin zwischen Leser und Literatur" von W. Dux, in: Fragen der Technisierung von Bibliotheken, in: ZfB 78 (1964), 6, S. 323.

2) Zum Vorgang des Beschaffens im einzelnen vgl. Fuchs, H., a.a.O., S. 44 ff.

3) Vgl. im einzelnen dazu: ders., ebenda, S. 55 ff., sowie Kortzfleisch, H.v., a.a.O., Abschnitt "Kooperation zwischen Bibliotheken und Verlagen", S. 79 ff.

Schaubild: Zusammenspiel der Aufgabenkreise

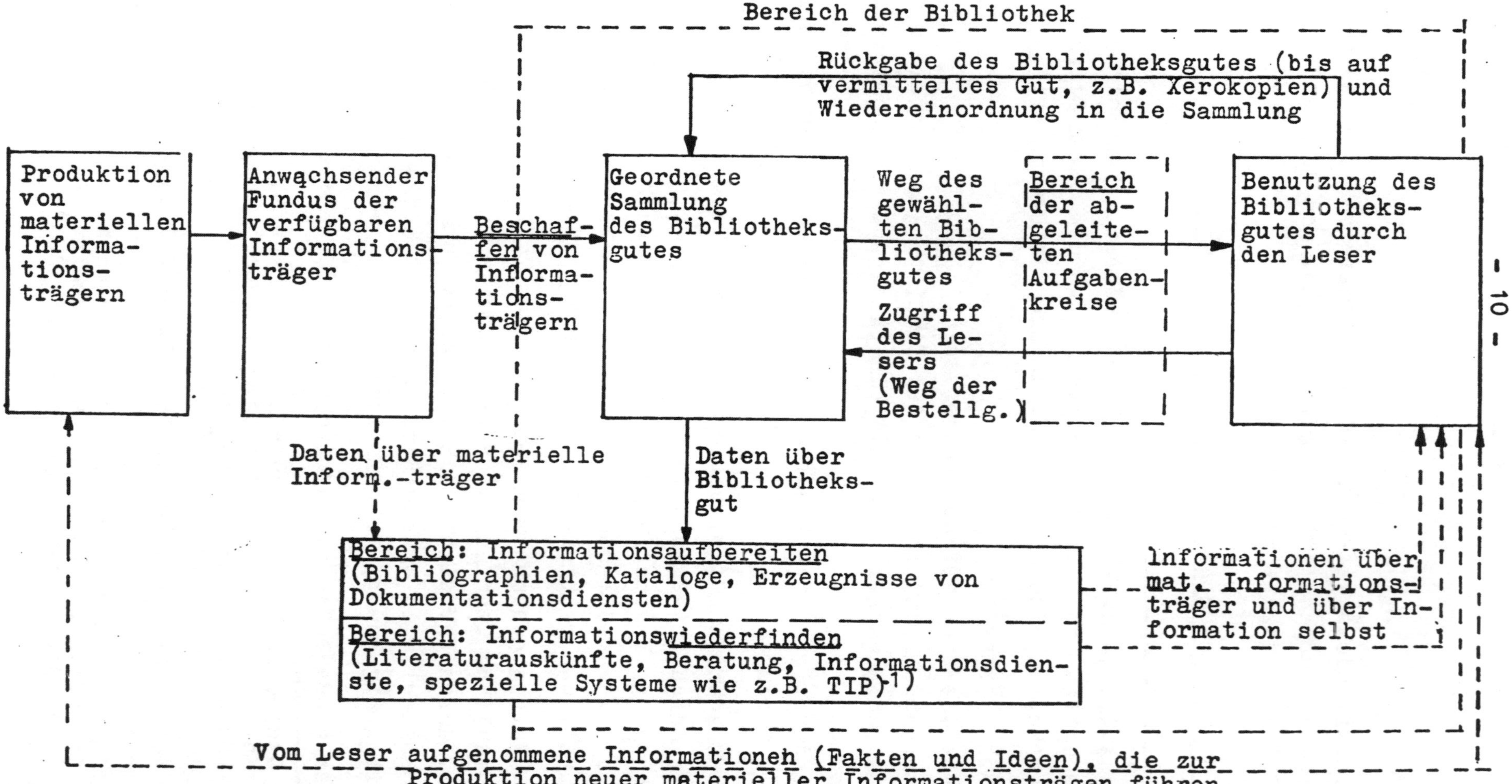

1) zu TIP siehe Fußnote 1 S.15 (Kessler, M.M.)

gegen im Bereich von Leihe und Tausch, allerdings ohne sie voll auszuschöpfen:

(a) Eine Laufzeit der Fernleihescheine von durchschnittlich fünf Wochen[1], in extremen Fällen von mehreren Monaten[1], sowie der für manche Regionen geringe Prozentsatz der positiven Erledigungen durch den der Region zugeordneten Zentralkatalog (für Berlin z.B. unter 20 %)[2] kann nicht befriedigen. Als Ursachen dieses Zustandes findet man erwähnt das Fehlen eines Zentralkataloges, das Verhalten der einzelnen Bibliotheken, insbesondere schleppende Bearbeitung der Leihscheine, Nichtbeachtung von Fristen und mangelnde Kontrolle der Bibliotheksleitung[3]. In dem Bereich der Zeitschriftenliteratur insbesondere hat sich allerdings in jüngster Zeit eine spürbare Verbesserung durch die Versendung von Xerokopien[4] bemerkbar gemacht - zum Vorteil von Benutzer und Bibliothek.

(b) "Neben dem Kauf ist der Tausch die wichtigste Erwerbungsart"[5]. Als Gegenstand des Tausches kommen im großen und ganzen in Frage: eigene Veröffentlichungen der Bibliotheken, Schriften gelehrter Gesellschaften und Hochschulschriften[6].

1) Kaltschmidt, W., Wissenschaftliche Bibliothek und Steigerung der Arbeitsproduktivität, in: ZfB 78 (1964), 9, S. 521; zur Langsamkeit des Leihverkehrs vgl. ferner: Oertel, D., Gesamtübersicht über die Förderungsmaßnahmen, in: Fünfzehn Jahre Bibliotheksarbeit der Deutschen Forschungsgemeinschaft 1949 - 1964, ZfBB, Sonderheft 4, 1966, S. 181 f.

2) Kiefert, H.J., Der Niedersächsische Zentralkatalog 1956 - 1966, in: Festgabe H. Fuchs, a.a.O., S. 86 und S. 87.

3) Zu den erwähnten Ursachen vgl. Kaltschmidt, W., a.a.O., S. 521, sowie: Leihverkehrsdisziplin als Leitungsaufgabe, Diskussionsbeitrag, in: ZfB 82 (1968), 6, S. 333 ff.

4) Zu Kosten, Erfahrungen und statistischen Angaben über die Versendung von Xerokopien anstelle von Zeitschriften vgl. ZfB 78 (1964), 9, S. 526 - 528, und ZfBB 13 (1966), S. 285 ff

5) Fuchs, H., a.a.O., S. 59. Vgl. auch dort im einzelnen die Arten des Tausches, S. 60 ff., sowie die Tätigkeit von Tauschzentralen, S. 63.

6) Vgl. ders., ebenda S. 60.

Eine der wichtigsten Gruppen daraus sind die Dissertationen. "Obwohl sie im einzelnen nach Bedeutung und Aktualität unterschiedlich sind, stellen sie im ganzen ein erhebliches wissenschaftliches Kapital dar."[1] Ein Kapital, das unbefriedigend genutzt wird. Die Gründe dafür, soweit sie den hier zu behandelnden Beschaffungsmarkt betreffen, wurden vor nicht langer Zeit ausführlich besprochen[2], wobei auch eine Reihe von Verbesserungsvorschlägen dargelegt worden ist.

Die Märkte für Geschenke und Pflichtexemplare sind ohne besonderes betriebswirtschaftliches Interesse; es wird aus diesem Grunde auf die diesbezügliche Darstellung in der Literatur verwiesen[3].

(2) Aufbereiten von Informationen

Der Aufgabenkreis Aufbereiten bezeichnet in etwa die Tätigkeiten und Einrichtungen, die der sogenannten Literaturerschließung dienen[4]. Sie befaßt sich nicht mit dem Träger der Informationen, sondern wendet sich unmittelbar an diese selbst, um ein Potential an Wissen über gespeicherte Informationen zu schaffen.

Im einzelnen handelt es sich um die Bereitstellung von Bibliographien, Katalogen, Registern aller Art und Arbeitsprodukten der Dokumentation[5]. Die Aufgabe der einzelnen Bibliothek reicht von der Erstellung dieser Hilfsmittel in eigener Verantwortung bis zum Aufstellen der aus anderen Quellen gelieferten Arbeitsprodukte. Diese letztere Tätigkeit könnte, von außen besehen, dem Aufgabenkreis Beschaffen zugeordnet werden. Das ist aber nur scheinbar richtig, da grundsätzlich jedes der

1) Kluth, R., Bibliotheksstruktur und Baustruktur, a.a.O., S. 13.

2) Vgl. die erschöpfende Darstellung: Sauter, H., Dissertationentausch, in: Mitt.Bl.Bibl., N.F. 17 (1967), 4, S. 219-229.

3) Vgl. z.B. Fuchs, H., a.a.O., "Geschenke", S. 64, und "Pflichtexemplare", S. 65 ff.

4) Vgl. dazu Fuchs, a.a.O., S. 204.

5) Vgl. dazu Dux, W., Fragen der Technisierung..., a.a.O., S. 322.

genannten Hilfsmittel selbst erzeugt werden kann. Es ist aber eine Frage der Zweckmäßigkeit, daß Bibliographien, Referatblätter, Zusammenfassungen von Übersichts- und Fortschrittsberichten usw. in der Mehrzahl der Fälle zentral von einer Stelle für ein ganzes System erstellt werden[1].

Dabei darf der Ausdruck "Zweckmäßigkeit" durchaus in diesem Zusammenhang mit "dringend erforderlich" interpretiert werden; denn eine Verbesserung der Literaturerschließung an Universalbibliotheken ist kaum denkbar ohne eine solche Aufgabenteilung[2].

Ein typisches Problem in diesem Zusammenhang ist z.B. die Frage der zentralen Titeldrucke. Daß hier keine eindeutigen Lösungen möglich sind, liegt u.a. an einer für das Bibliothekswesen bezeichnenden Zielantinomie: Zentralisierung schafft Verwaltungsvereinfachung und Aufwandsminderung durch Vermeiden von Doppelarbeit. Zentralisierung verursacht aber zeitliche Verzögerungen in einem solchen Ausmaß, daß der Gewinn auf der Aufwandseite in Frage gestellt werden kann[3].

---

1) Es sei ausdrücklich nochmals darauf hingewiesen, daß eine prinzipielle Aufteilung in "Bibliothekswesen" und "Dokumentationswesen" in dieser Arbeit abgelehnt wird. Es erscheint richtiger und fruchtbarer, vom Gedanken eines Netzwerkes mit der Aufgabe der Informationsvermittlung auszugehen. Die einzelnen Stellen dieses Netzwerkes heißen dann je nach ihrer Spezialisierung, die, wie gesagt, aus Gründen der Zweckmäßigkeit erfolgte, z.B. "Bibliothek" oder "Dokumentationsstelle" (vgl. auch Anmerkung , S.).

2) Diese Frage behandelt, insbesondere was Bibliographien, Fortschritts- und Übersichtsberichte und die Erfassung bibliographisch unselbständiger Veröffentlichungen betrifft, Krieg, W., Die Verbesserung der Literaturerschließung an den Universalbibliotheken, in: Fünfzehn Jahre Bibliotheksarbeit der DFG, a.a.O., S. 142 ff. Vgl. dazu auch die dort angegebene Literatur (S. 142).

3) Vgl. dazu das Beispiel der Titeldrucke der Library of Congress, Washington, in: Mechanisierung und Automatisierung in amerikanischen Bibliotheken, hrsg. von G. Pflug, ZfBB, Sonderheft 6, 1967, S. 22 f.

Eine besondere Möglichkeit der Verbesserung im Bereich der Aufbereitung ergibt sich durch den Einsatz von Systemen zur mechanischen[1] oder elektronischen[2] "Speicherung und Selektion von Daten über die Originalliteratur"[1]. So erscheint es z.B. als möglich, mit Hilfe der elektronischen Datenverarbeitung jeden Platz im Lesesaal mit einem Exemplar des systematischen Kataloges in Buch- oder Bandform auszustatten[3].

Was aber im einzelnen in diesem Bereich an Verbesserung der Dienstleistung zu erreichen ist, hängt sehr stark von der vorhandenen Maschinenausstattung[4] ab. Es erscheint demnach nicht sinnvoll, an dieser Stelle eine Art Mindest-Dienstleistung beschreiben zu wollen.

(3) Wiederfinden von Informationen

Unter Informationswiederfindung soll eine Aktivität seitens der Bibliothek verstanden werden, die auf den Nachweis von Literaturstellen über ein bestimmtes oder besonders aktuelles Sachgebiet, einen Autor usw. gerichtet ist oder einfach neueste "Informations- und Dokumentationsergebnisse" verbreitet[5]. Grundlegend neu ist auch dieser Aufgabenkreis nicht, fällt doch die Auskunftstätigkeit[6] zur Literatursuche in diesen

1) Dux, W., a.a.O., S. 323.

2) Einen Eindruck von mit Hilfe der EDV erstellten Bandkatalogen und anderer Produkte vermittelt folgende Literatur: Dahlberg, J., Verwirklichung einer modernen Universitätsbibliothek, in: Mitt.Bl.Bibl., N.F. 15 (1965), 2, S. 100 f.; Mechanisierung und Automatisierung..., a.a.O., S. 24, und Cartwright, K.L., Catalogs in Book Form, Institute of Library Research, University of California, 1967.

3) Vgl. dazu: Mechanisierung und Automatisierung..., a.a.O., S. 24.

4) Die Vielfalt der möglichen Regelungen ergibt sich ja nicht allein auf dem Gebiet der elektronischen Datenverarbeitung; es wären an dieser Stelle z.B. auch die Wege der Informationsaufbereitung bei Mikrofilm-, microfiche- und microcart-Archiven zu besprechen.

5) Zu dem letzteren Halbsatz vgl. Kunze, H., und Rätz, K., Bibliothek - Dokumentation - Information, in: ZIID, 12 (1965) 1, S. 13 f.

6) Zur Diskussion von "Minimum- und Maximumtheorie" der Aus-

Bereich. Die Betonung dieses Aufgabenkreises in jüngster Zeit zielt jedoch auf eine teilweise Neuaufteilung der Tätigkeiten zwischen Bibliothek und Benutzer ab: Der Benutzer gibt sich nicht mehr damit zufrieden, daß ihm ein bibliographischer Apparat zur Verfügung gestellt wird, anhand dessen er sich orientieren kann, sondern er verlangt, daß ihm die zeitraubende Literatursuche mittels dieser "klassischen" Hilfsmittel oder vermöge neuer Systeme von der Bibliothek selbst abgenommen wird. Zur Wahrnehmung dieser Aufgabe ist eine Reihe von Modellen erdacht worden, die z.T. in Erprobung stehen, z.T. schon Ergebnisse zeitigen[1].

2. 3. Abgeleitete Aufgabenkreise

Die Wahrnehmung abgeleiteter Aufgabenkreise manifestiert sich in der Niederlegung einer Benutzungsordnung, in der Einrichtung von Kopierdiensten, in der Beratung in Benutzerfragen, im Anbringen von Orientierungshilfen, im Veranstalten von Führungen durch die Bibliothek, im Abhalten von Kursen (Vorlesungen) z.B. über die Technik wissenschaftlichen Arbeitens usw.

Betritt ein Benutzer zum erstenmal eine Bibliothek, so sieht er sich zunächst mit der Benutzungs- und Ausleihordnung bzw. deren Auswirkungen konfrontiert. Wohl herrscht im Prinzip

zu 5, S.14) kunftstätigkeit vgl. Wiegand, D., Die Auskunftspolitik von Universitätsbibliotheken Studierenden gegenüber, in: Libri 17 (1967), 11, S. 1963 ff.; desgleichen: Foch, J., Die Auskunftserteilung als bibliothekarische Aufgabe, in: ZfBB 9 (1962), S. 329 ff.; Schwarz, G., Zur Rationalisierung im wissenschaftlichen Bibliothekswesen, in: ZfB 81 (1967), 11, S. 644, und ferner: Mechanisierung und Automatisierung..., a.a.O., S. 19.

1)Vgl. dazu: INTREX, Report of a Planning Conference on Information Transfer Experiments, MIT Press, Cambridge, Mass., 1965, und die deutschsprachige Literatur über dieses Projekt: Mechanisierung und Automatisierung..., a.a.O., insbesondere die Beschreibung der MIT-Libraries, S. 53 ff., und der Abschnitt "Grundsatzuntersuchungen", S. 135 ff.; Kessler, M.M., The MIT Technical Information Project, in: Physics Today, 28th March, 1965; Steinbuch, K., Zukunftsaufgaben der Technik, a.a.O., S. 302 f.; Automation and the library of Congress, Washington 1963.

Einigkeit darüber, welchen Anspruch der "Service" einer Bibliothek erfüllen sollte[1]; dennoch besteht ein nicht zu überbrückender (und nicht durch Argumente über die verschieden bemessenen finanziellen Möglichkeiten wegzudiskutierender) Gegensatz zwischen beinahe schon "benutzerfeindlichen" Bibliotheksordnungen[2] und anderen, die den Rahmen des "Vertretbaren"[1] so weit stecken wie irgend möglich[3].

Im Zusammenhang mit der Besprechung der Benutzungsordnung sei an die im Gegensatz zu amerikanischen Bibliotheken in Deutschland vielfach noch bestehenden Privilegien bestimmter Benutzergruppen erinnert. Es scheint, daß manche Wissenschaftler geradezu einen Ehrgeiz entwickeln, ihren Schreibtisch zum Sammelplatz auch anderorts dringend benötigter Literatur zu machen, um sie dort kraft ihrer Privilegien festzuhalten. Ähnlich ist es bisweilen mit dem Zeitschriftenumlauf bestellt[4].

Nach der Auseinandersetzung mit der Benutzungs- bzw. Ausleihordnung muß sich der Benutzer durch die Räume zu Lese- und

---

1) Grundwald, W., Kooperation Universitätsbibliothek - Universität, in: Mitt.Bl.Bibl. 17 (1967), 3, S. 131. - Man vergleiche dort auch die an den Service gestellten Forderungen, wie großzügige Öffnungszeiten, unbürokratischer Ausleihvorgang, Ausstattung des Auskunftsdienstes usw.

2) Vgl. dazu z.B. Universitätsbibliothek Freiburg i.Br., Benutzungsanleitung, Freiburg i.Br. o.J., S. 1 f.: Selbst für einen an einer deutschen Hochschule ordentlich immatrikulierten Studenten (dies gilt nicht für die Studierenden der Freiburger Hochschulen) wird eine selbstschuldnerische Bürgschaft einer in Freiburg polizeilich gemeldeten Person mit Beschäftigungsnachweis verlangt. Auf diesen wahrlich erschwerenden Sachverhalt wird außer in der Benutzungsanleitung, die außerdem nur zu den spärlichen Öffnungszeiten der Leihstelle zu erhalten ist, nirgends angezeigt. Darüber hinaus sind die Öffnungszeiten der verschiedenen Dienststellen, insbesondere während der Ferien unzureichend aufeinander abgestimmt, so daß Zeitverluste seitens der Benutzer geradezu zwangsläufig entstehen müssen.

3) Vgl. im Gegensatz dazu z.B. die Leistung der MIT-Libraries, dargestellt in: Mechanisierung und Automatisierung..., a.a.O., S. 32 f.

4) z.B.: Am 4. Juni 1969 lag in der Bibliothek der Fakultät für Wirtschaftswissenschaften an der TU Berlin als neuester "Volkswirt" Nr. 10 vom 7.3.1969 aus.

Katalogsälen, zur Freihandausleihe, zur Lehrbuchsammlung, zur Fernleihe usw. hindurchfinden; es ist die Aufgabe von Orientierungshilfen, daß ihm das gelingt, ohne Fragen an das Bibliothekspersonal stellen zu müssen[1]. Das gleiche gilt für seinen "Weg" durch die Systematik der Buchaufstellung oder des Kataloges.

Danach wird sich der Benutzer z.B. im Lesesaal an einen Tisch setzen, um zu arbeiten. Der Erfolg seiner Arbeit, insbesondere wenn er sich viele Stunden und Tage in der Bibliothek aufhält, wird beeinflußt sein vom Angebot an Schreibmaschinen, Restaurations- und nicht zuletzt von Liegeräumen[2](!) sowie von deren innerer Gestaltung: Der Besucher soll sich gerne in der Bibliothek aufhalten, er soll neben dem notwendigen Maß an Konzentration ausreichende Möglichkeit zur Entspannung finden können[3].

Ein wichtiges Hilfsmittel zur schnelleren und bequemeren Arbeit in der Bibliothek sind Kopierdienste. Auch hier gibt es selbst innerhalb von deutschen Bibliotheken[4] schwer zu begreifende Unterschiede: Zur Zeit kostet z.B. an der Bibliothek der TU Berlin eine Xerokopie DIN A 4 DM -,25. Dieser Dienst steht den Benutzern während 59,5 Stunden der Woche zur Verfügung[5]. An der UB der Freiburger Universität kostet die gleiche

---

1) Vgl. Kortzfleisch, H.v., a.a.O., S. 65 ff.; derselbe, Rationalisierungsreserven in wissenschaftlichen Bibliotheken; die wissenschaftliche Bibliothek aus betriebswirtschaftlicher Sicht, in: ZfBB 15 (1968), 5/6, S. 331.

2) Nebenbei: Wie dem "Funktionsdiagramm, Universitätsbibliothek TU Berlin" zu entnehmen ist, sind für den geplanten Neubau der UB bedauerlicherweise keine Ruheräume vorgesehen.

3) Vgl. dazu die Verhältnisse an amerikanischen Bibliotheken, beschrieben in: Mechanisierung und Automatisierung..., a.a.O., S. 13 - 27, insbes. S. 17.

4) Man vgl. dazu die Leistung amerikanischer Bibliotheken, die es anstreben, die "kopierte Seite zu einem Selbstkostenpreis von 1 Cent herzustellen". Mechanisierung und Automatisierung..., a.a.O., S. 53, ferner ebenda, S. 20.

5) Vgl. Technische Universität Berlin, Studentenführer, 5.Aufl. 1967, S. 178.

Leistung jedoch DM -,40 bei insgesamt 32,5 Stunden Öffnungszeit der Xerokopie-Stelle in der Woche[1].

Nicht ganz so unmittelbar wie von den eben erwähnten Beispielen fühlt sich der Besucher von der Werbung, besser gesagt Nicht-Werbung der Bibliothek betroffen. Zu recht wird die Meinung vertreten, daß die mit Fixkosten hochbelastete Bibliothek dafür zu sorgen hat, daß sie so viel in Anspruch genommen wird wie nur irgend möglich[2]: "Die Bibliothek kann sich nicht mehr damit begnügen, vorhanden und benutzbar zu sein, sie muß dafür sorgen, daß sie benutzt wird..."[3], und um dieses zu erreichen, muß sie ihre Dienste auch anbieten[4].

Eine besondere Aufgabe erwächst der Hochschulbibliothek durch den Bereich der Lehre. Bis vor wenigen Jahren beschäftigte sich die Diskussion über Lernmittel fast ausschließlich mit Studentenbüchereien bzw. Lehrbuchsammlungen. Kaum hat das Prinzip allgemeine Zustimmung gefunden, daß es eine Aufgabe der Bibliothek ist, sich der Studentenbüchereien anzunehmen[5], sieht man sich neuen Aufgaben gegenüber, die Lehr- und Lernmaschinen sowie audovisuelle Mittel stellen[6].

1) Vgl. Universitätsbibliothek Freiburg im Breisgau, a.a.O., S. 2, sowie Gebührenordnung für die Benutzung der wissenschaftlichen Bibliotheken des Landes Baden-Württemberg, Ziffer 6, in: Amtsblatt des Kultusministeriums "Kultus und Unterricht" 1966, Nr. 4, S. 115 - 116.

2) Kortzfleisch, H.v., Rationalisierungsmöglichkeiten, a.a.O., S. 36.

3) Kluth, R., a.a.O., S. 6.

4) Vgl. dazu auch den in der DDR gebräuchlichen Ausdruck "Literaturpropaganda"; Kaltschmidt, W., a.a.O., S. 524.

5) Zur Frage der Studentenbüchereien vgl. Kehr, W., Studentenbücherei und Hochschulbibliothek, in: Festgabe H. Fuchs, a.a.O., S. 62 ff., und: Empfehlungen des Wissenschaftsrates zum Ausbau der wissenschaftlichen Einrichtungen, Teil II Wissenschaftliche Bibliotheken, Bonn 1964, S. 36 ff.

6) Vgl. dazu die Lösung der Florida Atlantic University Library Boca Raton, dargestellt in: Mechanisierung und Automatisierung..., a.a.O., S. 41 ff., ferner: Stoltzenburg, J., Zentralisierung und Dezentralisierung im Entwurf

Abschließend sei auf die Verantwortung der Hochschulbibliothek für die Vermittlung der "Grundlagen von Dokumentation und Information"[1] zur Verbesserung der Technik des wissenschaftlichen Arbeitens hingewiesen.

Damit ist die Behandlung der Aufgabenkreise abgeschlossen.

---

zu 6, S. 18) und Gegenentwurf für ein Bibliothekssystem der Universität Bielefeld, in: Mitt.Bl.Bibl., N.F. 18 (1968), 2. S. 94.

1) Lechmann, H., a.a.O., S. 160.

3. Die Zuordnung der Hochschulbibliothek (HB)

Die bisher angestellten Überlegungen, obschon vorwiegend unter dem Blickwinkel der Hochschulbibliothek gesehen, hatten dennoch für alle Bibliotheksarten gemeinsam eine Bedeutung. Die nachfolgenden Überlegungen beziehen sich nunmehr ausschließlich auf die Hochschulbibliothek.

3.1. Die HB in ihrer Zuordnung zur Hochschule (Fachprinzip)

Das Nebeneinander der beiden Bibliotheksformen "zentrale Hochschulbibliothek" und "Institutsbibliothek"[1] erfordert eine Klärung, was denn unter der bisher benutzten Bezeichnung "Hochschulbibliothek" zu verstehen sei: "Hochschulbibliothek" bedeutet in dieser Untersuchung immer die Gesamtheit aller Einrichtungen einer Hochschule, die eine oder mehrere der im vorausgegangenen Punkt näher bezeichneten Aufgabenkreise wahrnehmen.

Trotz des Versuches, die vorhandenen Einzelbibliotheken als Gesamtheit aufzufassen, wird bei manchen Kapiteln eine Unterscheidung in "Zentrale Hochschulbibliothek" (ZHB) und "Institutsbibliotheken" (IBB) nicht zu vermeiden sein. Diesen Sachverhalt einbezogen, ergeben sich Verknüpfungen zwischen der HB und ihrer Hochschule, wie sie in dem Schaubild auf S. dargestellt sind.

Unter (vorläufiger[2]) Vernachlässigung der noch vorherrschenden Dualität zwischen den IBB und der ZHB sei in dem folgenden Abschnitt eine Gliederung der Hochschulbibliothek (als einheitliches System) versucht:

(1) Ausgangspunkt ist, wie gesagt, die Betrachtung der Hochschulbibliothek als Gesamtheit der im Hochschulbereich vorhandenen Bücherbestände, die als Verwaltungseinheit ein einheit-

1) Vgl. Empfehlungen des Wissenschaftsrates zum Ausbau der wissenschaftlichen Einrichtungen, Teil II, Wissenschaftliche Bibliotheken, Bonn 1964, S. 30.

2) Vgl. Punkt 8.5.Über den Stand der Zusammenarbeit zwischen den IBB und der ZHB an der TUB.

Schaubild:

Träger und Weisungsberechtigte	Organe der akademischen Selbstverwaltung Kuratorialverwaltung Einzelpersonen
	H O C H S C H U L B I B L I O T H E K = ZHB + IBB (einschl. Seminar- und Lehrstuhlbibliotheken)
Aufgabenkreise	Beschaffen Aufbereiten Wiederfinden von Information - - - - - - - - - - abgeleitete Aufgabenkreise
Dienstleistung für	Forschung Lehre (Industrie, Handel usw.)
Benutzer	Professoren, Assistenten, Studenten... (Außenstehende)

liches Bibliothekssystem bilden.

Es gliedert sich in Zentralabteilungen, die in der zentralen Hochschulbibliothek zusammengefaßt werden, und in dezentrale Fachabteilungen oder Fachgruppen.

Die ZHB[1)] ist das Funktionszentrum der Literaturbeschaffung der gesamten Hochschule, in ihr konzentrieren sich Leitungs- und Verwaltungstätigkeit. Die Informationsströme aus dem ge-

1) Zu den Aufgaben der ZHB in diesem Modell vgl.: Mechanisierung und Automatisierung..., a.a.O., S. 25 f.; Braun, H., Die zentrale Hochschulbibliothek heute, in: ZfBB 15 (1968), 5/6, S. 342 f.; Kluth, R., a.a.O., S. 8; Pauer, M., Die UB Regensburg, in: ZfBB 12 (1965), S. 289; Haenisch, W., Was können die bestehenden Hochschulbibliotheken den Neugründungen entnehmen?, in: ZfBB 12 (1965), S. 307; Empfehlungen zum Aufbau einer Universität in Dortmund, Teil I, Empfehlungen zur Struktur, hrsg. vom Kultusminister des Landes Nordrhein-Westfalen, S. 48.

samten System (oder Netzwerk) treffen in ihr zusammen.

Die Gliederung der Fachabteilungen[1] lehnt sich an die Aufteilung nach Fakultäten bzw. Wissenschaftsgebieten an. Die Zuordnung von Fachabteilung zu Fakultät (bzw. zu Wissenschaftsgebiet) muß so flexibel gehandgabt werden, daß auch die sich ständig neu bildenden Grenzgebiete der klassischen Fächer ausreichend mit Informationen versorgt werden können.

Das so in seinen Umrissen angedeutete System mag gekennzeichnet werden durch den Ausdruck "koordinierte Dezentralisation"[2]. Seine Ausgestaltung im einzelnen erfolgt zweckmäßigerweise im Punkt "Betriebsorganisation"[3].

(2) Der eben skizzierte Bibliotheksorganismus muß noch in Gesamtrahmen der Hochschule eingeordnet werden: Die HB wird Teil "eines allgemeinen Informations_ und Kommunikationsnetzes"[4] und stellt damit ein "Untersystem"[5] im Gesamtsystem der Hochschule dar.

Um den notwendigen Zusammenhalt zwischen dem Untersystem HB und dem Gesamtsystem zu erreichen, bedarf es der Regelung der "organisatorischen Verkehrswege"[6]. Angewandt auf die heute vorherrschende Struktur der deutschen Hochschulen, ergibt

1) Zur Gliederung in Fachabteilungen vgl.: Mechanisierung und Automatisierung..., a.a.O., ebenda; Braun, H., a.a.O., ebenda; Kluth, R., a.a.O., ebenda; Pauer, M., a.a.O., ebenda; Haenisch, W., a.a.O., ebenda; Empfehlungen zum Aufbau einer Universität in Dortmund, a.a.O., S. 47.

2) Vgl. das interessante Modell der Florida Atlantic University Library: Report of the planning commission for a New University at Boca Raton, edt. by the Board of Control, Tallahassee, Florida 1961, S. 24 ff.; ferner: Mechanisierung und Automatisierung..., a.a.O., S. 41f.

3) Vgl. S.

4) Mechanisierung und Automatisierung..., a.a.O., S. 42.

5) Dahlberg, I., a.a.O., S. 87.

6) Zum Begriff der organisatorischen Verkehrswege vgl. Acker, B., a.a.O., Abschnitt "Verkehr und Verkehrswege", S. 171 ff.

sich dabei die Forderung, die Stellung der HB in der Satzung zu verankern und dem "Bibliothekar der Universität" Sitz und Stimme in den Entscheidungsorganen der Hochschule zu gewähren[1].

Das entworfene Integrationsmodell entspricht nun, in Anlehnung an Handel und Industrie, folgendem Schema:

Aufsichtsrat	Akademischer Senat
Geschäftsführung	Direktion
zentrale Leitungs- und Verwaltungsinstanz	ZHB
dezentrale Abteilungen	Fachabteilungen

3.2. Die HB als Stelle in einem Netz[2] allgemeiner öffentlicher Bibliotheken (Regionalprinzip)

"Angesichts der nahezu unabsehbaren Menge der gedruckten oder auf sonstige Weise vervielfältigten Texte, die für Forschung, Lehre und Praxis von Bedeutung sind oder werden können, ist eine lokale Autarkie in der Literaturversorgung unmöglich."[3] "Das Bibliothekswesen in der Bundesrepublik muß daher als ein gegliedertes Verbundsystem begriffen werden, das große und kleine, universale und spezialisierte Bibliotheken aller Art umfaßt[4]. Für die HB bedeutet das, daß sie, um den Bedürfnissen ihrer Benutzer gerecht werden zu können, eine Vielzahl von Beziehungen zu anderen Institutionen unterhalten muß[5]. Um diese Beziehungen genauer erkennen zu können, erscheint es angebracht, für einen Augenblick die auf die HB bezogene Sicht zu verlassen und einen kurzen Blick auf das System ins-

---

1) Vgl. Haenisch, W., a.a.O., S. 311; Kluth, R., Die Universitätsbibliothek Bremen, in: Mitt.Bl.Bibl. 12 (1965), S. 298 ff.

2) Zum Netzwerk-Gedanken vgl.: Bibliotheksplan, I.Entwurf für ein umfassendes Netz allgemeiner öffentlicher Bibliotheken und Büchereien, Deutscher Büchereiverband, Berlin 1969, insbes. S. 11-14; ferner: Grundzüge des einheitlichen Bibliothekssystems der DDR. Entwurf, in: ZfB 76 (1965), 3, insbes. S. 142 ff.

3) bis 5) siehe S. 24.

gesamt zu werfen:

Grundtatsache ist das Fehlen einer zentralen Institution im Range und von der Funktion einer Nationalbibliothek. Gründe hierfür sind föderative Staatsverfassung und Selbstverwaltung der Wissenschaft. Da, wie gesagt, lokale Autarkie nicht mehr im Bereich des Möglichen liegt, gibt es nur den Weg der Schwerpunktsbildung bei bestehenden Universalbibliotheken, z.B. in der Form von Sondersammelgebieten, und weiter die Möglichkeit der Neugründung von zentralen Fach- oder Spezialbibliotheken[1]. In erster Linie entscheidend für den Erfolg dieser Konzeption ist, daß qualitativ und quantitativ ausreichend Mittel aus dem Bereich der Informationsaufbereitung und -wiederfindung den einzelnen Bibliotheken zur Verfügung gestellt werden und daß ein schneller, reibungslos funktionierender Leihverkehr gewährleistet wird.

Der Ort der HB in diesem Netz von Beziehungen läßt sich wie folgt darstellen, siehe Schaubild S. 25.

Damit ist Teil I der Arbeit über Aufgaben, Struktur und Zuordnung der Hochschulbibliothek abgeschlossen.

---

zu S.23

3) Oertel, D., Der Aufbau zentraler Fachbibliotheken in der Bundesrepublik Deutschland, in: ZfBB 13 (1966), S. 322.

4) Derselbe, ebenda.

5) Vgl. dazu auch Meyer, G., Zur Methodik der Erarbeitung von Erwerbungsgrundsätzen, in: ZfB 82 (1968), S. 457.

1) Zur Konzeption von Sondersammelgebieten und von Fach- oder Spezialbibliotheken vgl. im einzelnen: Oertel, D., a.a.O., S. 323 ff.; Fünfzehn Jahre Bibliotheksarbeit der DFG, a.a.O., S. 27 ff. und S. 71 ff.

Schaubild: Ort der HB im Netzwerk der Informationsvermittlung[1]

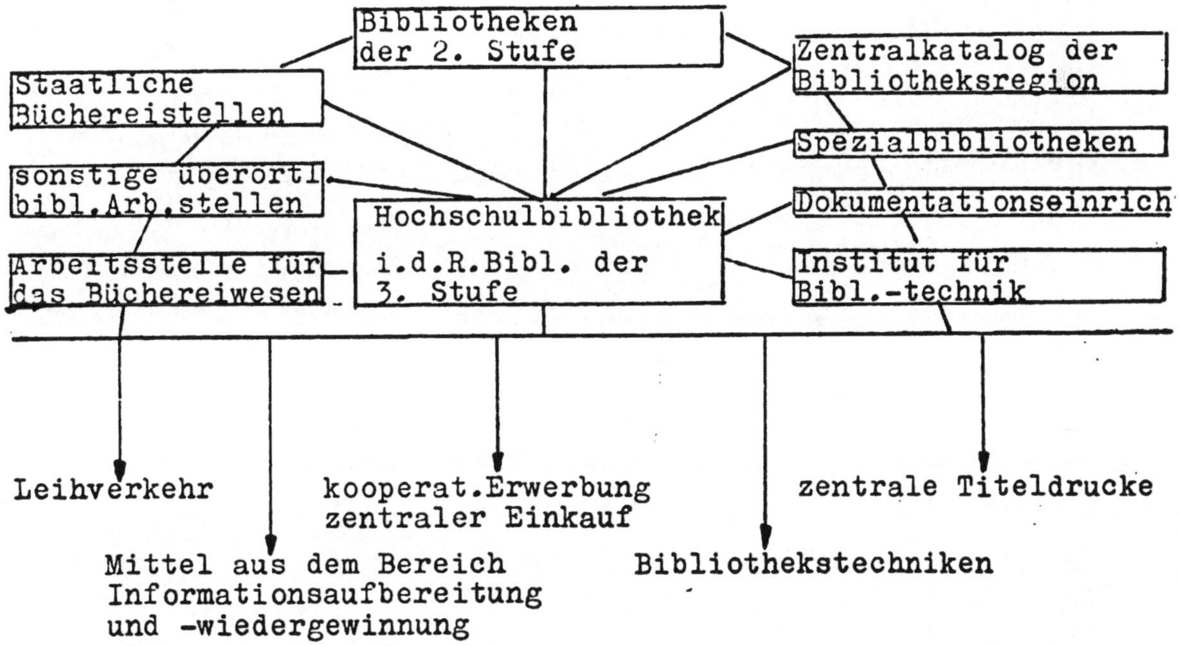

1) Zu den Begriffen "Bibliothek 1., 2. und 3. Stufe" vgl. Bibliotheksplan, a.a.O., S. 15 ff.

Teil II: Die produktiven Faktoren der Bibliothek und die Bedingungen ihrer optimalen Ergiebigkeit

Um den besonderen Gegebenheiten des Bibliotheksbetriebes gerecht werden zu können, wurde Gutenbergs System der produktiven Faktoren in folgenden Punkten verändert:

(1) Die Bibliothek leistet ihre Dienste ohne den Einsatz von Werkstoffen; das entsprechende Kapitel[1] entfällt deshalb.

(2) Das Kapitel "Die Geschäfts- und Betriebsleitung und ihr Einfluß auf die produktive Ergiebigkeit der betrieblichen Leistungserstellung"[2] müßte grundsätzlich auch in diese Arbeit aufgenommen werden. Nach Meinung des Verfassers rechtfertigen aber die wenigen "spezifischen" Leitungsaufgaben in einer Bibliothek nicht die Eröffnung eines selbständigen Gliederungspunktes.

(3) Im Verlaufe der Arbeit hat es sich herausgestellt, daß die Verfahren, als Bedingung der optimalen Ergiebigkeit des Faktors Betriebsmittel, einen besonderen Schwerpunkt bilden. Deshalb erhielten Faktor Betriebsmittel und die Bedingungen seiner optimalen Ergiebigkeit jeweils einen eigenen Gliederungspunkt: Punkt 5., Betriebsmittel, und Punkt 6., Verfahren.

4. Menschliche Arbeitsleistung und Arbeitswissenschaft

Die bisher in Bibliotheken angewandten Arbeitstechniken beruhen vorwiegend auf Erfahrung und Eigenerprobung. Die Erfolge, die durch die Anwendung der Arbeitswissenschaft z.B. im Industriebetrieb erzielt worden sind, zeigen, daß die auf Erfahrung und Eigenerprobung fußenden Arbeitsmethoden nicht die besten sein müssen[3]. Daß diese einfache Wahrheit erst in den letzten Jahren in bibliothekarischen Kreisen Resonanz zu finden begann, muß gewisse Gründe haben. Diese aufzudecken,

1) Vgl. Gutenberg, E., a.a.O., S. 121 ff.

2) ders., S. 130 ff.

3) Vgl. dazu Gutenberg, a.a.O., S. 31.

soll in den folgenden beiden Punkten versucht werden: Zuerst gilt es zu klären, was von seiten der Arbeitswissenschaft der Bibliothek "angeboten" wird (Punkt 4.1.), um dann von ihrem Standpunkt aus zu urteilen, was generell "angenommen" werden kann (Punkt 4.2.). Parallel dazu soll geklärt werden, welche Schranken aufgrund des Arbeitsgegenstandes oder aus Gründen menschlichen Unvermögens für eine Annahme bestehen.

Die vorangestellte Klärung des zu behandelnden Fragenkreises sowie die Skizzierung von Grenzen der Übertragbarkeit arbeitswissenschaftlicher Erkenntnisse auf den Bibliotheksbetrieb sollen gewährleisten, daß bei der daran anknüpfenden Betrachtung spezieller Anwendungsfälle der Bezug auf das Gesamtproblem, nämlich der Anwendbarkeit der Arbeitswissenschaft im Bereich der Bibliotheken, gewahrt bleibt.

4.1. Was kann die HB von der Arbeitswissenschaft erwarten?

Generell bemüht sich die Arbeitswissenschaft, (1) die Arbeit des Menschen effektvoller zu gestalten und (2) bessere Arbeitsbedingungen für den Menschen, gemäß seiner Veranlagung, zu schaffen[1].

Es ist einleuchtend, daß der Anwendbarkeit von Ergebnissen aus den Hauptbereichen (nach Schulte) "Kulturlehre der Arbeit" und "Arbeitsbiologie" auf den Bibliotheksbetrieb nichts im Wege steht: Berufsberatung, Ausbildung und Personalführung betreffen die Bibliothek nicht anders als jeden beliebigen Betrieb. Ein Schreibtischplatz in der Bibliothek unterscheidet sich in keiner Weise von einem beliebigen Büroplatz, was die günstigen Bedingungen für Raumklima, Lichtverhältnisse, Lärmbelastung, Körperhaltung usw. betrifft. Und schließlich unterliegen Bibliothekare wie alle Menschen einer biologischen Rhythmik, der Ermüdung, dem Einfluß des Alterns, und bedürfen der Erholung sowie des Anreizes der Leistungsmotivation.

---

1) Nach Prof. Dr. B. Schulte, Vorlesung über Arbeitswissenschaft I an der TU Berlin am 9.11.1967.

Die Bemühungen der Kulturlehre der Arbeit und der Arbeitsbiologie stehen vorwiegend unter der Motivation der Schaffung menschengemäßer Arbeitsbedingungen. Arbeitswirtschaft und Arbeitstechnologie dagegen trachten danach, die Arbeitsleistung effektvoller zu gestalten. Die Arbeitsleistung effektvoller gestalten, heißt für die Bibliothek[1]:

- Normierung und Standardisierung[2] von Arbeitsvorgängen, um Betriebsvergleiche[3] zu ermöglichen und um die Voraussetzungen für eine breitere Zusammenarbeit (Zusammenlegung von Arbeitsvorgängen) mehrerer Bibliotheksbetriebe zu schaffen;
- Bereitstellung der notwendigen Unterlagen für exakte Planung, Kontrolle und Rechnungslegung;
- Verbesserung der Arbeitsorganisation z.B. zur Beschleunigung von Geschäftsgang und Leihverkehr;
- Verringerung des Arbeitsaufwandes z.B. durch die Ausschaltung überflüssiger Arbeitsvorgänge, Verkürzung von Transportwegen und zweckmäßige Gestaltung des Arbeitsablaufes[4].

Grundsätzlich unterscheidet sich die Bibliothek auch hier nicht von anderen Betrieben. Jedoch treten bei der Übertragung von Methoden zur Erfassung menschlicher Leistung und ihrer Bewerbung sowie bei der Gestaltung und Organisation der Arbeit Schwierigkeiten auf.

Über die Art dieser Schwierigkeiten berichtet der folgende Punkt.

---

1) Vgl. dazu Möbus, R., Arbeitsstudium in wissenschaftlichen Bibliotheken, in: ZfB 82 (1968), 6, S. 322 ff., und Schwarz, G., Über den Geschäftsgang in den wissenschaftlichen Bibliotheken, in: ZfB 81 (1967), 7, S. 391 f.

2) Zum Begriff der Standardisierung und dessen Bedeutung vgl. Mellerowicz, K., Allgemeine Betriebswirtschaftslehre, erster Band, Berlin 1964, S. 208.

3) Für Verwaltungsvergleiche siehe: Richtzahlen, KGST, Köln 1964, 1. Ergänzung 1966.

4) Vgl. dazu Möbus, R., a.a.O., S. 323.

4.2. Grenzen der Übertragbarkeit arbeitswissenschaftlicher Kenntnisse auf den Bibliotheksbetrieb

Bevorzugtes Arbeitsfeld von Arbeitsstudien waren bisher die industriellen Produktionsstätten mit ihren mechanischen, tausendfach wiederholten Arbeitsvorgängen. Ein Teil der Arbeitsvorgänge in einer Bibliothek zeichnet sich jedoch aus durch einen höheren Anteil an "geistigen"[1] Funktionen neben mechanischen Bewegungselementen. Geistige Funktionen entziehen sich bis heute aber noch einer eindeutigen Erfassung und Wertung.

(1) Die Bemühungen der Bibliotheken haben sich deshalb zunächst darauf gerichtet, diejenigen der bestehenden Arbeitsabläufe herauszufinden, die ohne Schwierigkeit den Methoden der Arbeitsanalyse unterworfen werden können. Hierunter zählen z.B.:

"1. Die Abrechnung des Kaufgutes und die Registrierung von Pflicht-, Tausch- und Geschenkgut sowie hiermit zusammenhängender Schriftwechsel.
2. Die Inventarisierung der eingehenden materiellen Informationsträger zum Schutz gegen Entwendung, fahrlässigen Verlust und zum jederzeitigen Bestandsnachweis.
3. Arbeitsgänge an dem Bibliotheksgut, um es geordnet und gegen schädigende äußere Einflüsse geschützt in der Sammlung auf längere Dauer aufzubewahren. Das heißt im allgemeinen: Eintragen der Signaturen, Aufkleben der Signaturschilder, Aufbringen der Eigentumsstempel, Zusammentragen von Zeitschriften-Jahrgängen, Ordnen von Lieferungswerken und Loseblatt-Ausgaben, buchbinderische Aufbereitung broschierter Monographien und von Zeitschriften-Jahrgängen usw. Spezielle Behandlung von Mikrofilmen und nichtgraphischen Informationsträgern.
4. Der Transport der einzelnen Arbeitsobjekte von Arbeitsplatz zu Arbeitsplatz sowie die hiermit zusammenhängenden Kon-

---

1) Vgl. dazu die Einteilung menschlicher Arbeit in:
1. vorwiegend körperliche Tätigkeit,
2. gemischt körperlich-geistige Tätigkeiten und
3. vorwiegend geistige Tätigkeiten
und deren Anwendung in: Arbeitsuntersuchungen in der Kommunalverwaltung, KGST, 4.Aufl., Köln 1967, S. 21 f.

troll- und Registrierarbeiten, wie z.B. Laufzettel oder Überwachung der an auswärtige Buchbindereien gehenden Lieferungen."[1]

(2) In einer höheren Stufe der Rationalisierung müßte nun versucht werden, die verbleibenden Arbeitsvorgänge so umzugestalten (z.B. durch die Aufhebung der unzulässigen Gleichsetzung von Arbeitsteilung und administrativer Gliederung[2]), daß eine tiefergehende funktionale Trennung von mechanisch-repetitiver von geistig-kreativer Arbeit eintritt. In diesem Zusammenhang sei an ein oft erwähntes Beispiel[3] angeknüpft: die Belastung wissenschaftlicher Bibliothekare mit Schreibarbeiten, z.B. durch manuelles Ausschreiben von Bestellzetteln. Diese und ähnliche Arbeit sollten von niedriger bezahlten Kräften bewältigt werden, z.B. im Rahmen einer zentralen Schreibgruppe[4].

(3) Weitere Schwierigkeiten ergeben sich aus der Art der Arbeitsgegenstände:Deutsch- und fremdsprachige Bücher, Inkunabeln, Zeitschriften, nichtgraphische Informationsträger, Musikalien usw.[5] bedingen Unterschiede in der Art der Bearbeitung und in der notwendigen Ausbildung der Sachbearbeiter. Und schließlich sei darauf hingewiesen, daß in den einzelnen Bibliotheken für bestimmte Details des Arbeitsverfahrens vom entsprechenden Standard ("Preußische Instruktion") abweichende Sonderanweisungen existieren[6].

(4) Zuletzt seien Schwierigkeiten und Widerstände, die <u>nicht</u>

1) Dux, W., Fragen der Technisierung von Bibliotheken, in: ZfB 78 (1964), 6, S. 326.

2) Vgl. dazu Schwarz, G., a.a.O., S. 387.

3) Vgl. dazu Kortzfleisch, H.v., a.a.O., S. 40.

4) Ders., ebenda.

5) Vgl. Möbus, R., a.a.O., S. 327.

6) Vgl. ders., ebenda.

von der Art des Arbeitsgegenstandes abhängen, erwähnt: Im Industriebetrieb unterstützt der Anreiz, durch Leistung sein Einkommen zu erhöhen, die Adaptionsfreudigkeit neuer Arbeitsverfahren durch die Arbeitsperson. Dieses wirksamste Moment der Leistungsmotivation entfiel in der Bibliothek bisher fast völlig aufgrund der Laufbahnordnung[1]. Es wird also vermutlich in Bibliotheken c.p. schwieriger bleiben, Neuerungen durchzusetzen,als in anderen Betrieben.

Eine abschließende Bemerkung sei dem Selbstverständnis der Bibliothekare gewidmet: Der auch heute noch in Bibliotheken mehr oder weniger spürbare Hang, den Blick in die Vergangenheit[2] zu richten, ist vermutlich geeignet, die Entstehung psychischer Schranken gegenüber Neuerungen zu begünstigen. M.E. wird der Faktor "Mensch als begrenzendes Moment" bezüglich der Anwendbarkeit betriebs- und arbeitswissenschaftlicher Methoden nicht ausreichend beachtet; es fehlt darüber die funkierte kritische oder selbstkritische Studie, die die notwendige pädagogische Wirkung haben könnte.

4.3. Anwendungsbeispiele

In den einschlägigen bibliothekarischen Organen findet sich bereits eine Reihe von Beiträgen, die sich mit Zeitaufnahmen, Arbeitsablaufstudien, Bewegungsstudien usw. befassen. Manche davon gehen einseitig von seiten der Arbeitswissenschaft aus, ohne die Grenzen der Anwendbarkeit dieser Methoden auf den Bibliotheksbetrieb näher zu untersuchen[3]; ande-

---

1) Das heißt nicht, daß die Durchführung von Arbeitsbewertung nicht grundsätzlich möglich und sinnvoll wäre. Vgl. dazu die Darstellung "Arbeitsbewertung" in: Arbeitsuntersuchungen in der Kommunalverwaltung, a.a.O., S. 75 ff.

2) Vgl. dazu auch Karstedt, P., a.a.O., S. 1, ferner Boden, H., Gedanken zur Prognose bibliothekarischer Bildung, in: Der Bibliothekar, Zeitschrift für das Bibliothekswesen, 4/69, insbes. S. 343, die Stagnation bibliothekswissenschaftlicher Forschung betreffend.

3) Vgl. z.B. Faehndrich, H., Die Bedeutung der Zeitstudie für das Bibliothekswesen, in: ZfBB 8 (1961), S. 126 ff.

re vermögen, ausgehend von der Sicht des Bibliothekars, die arbeitswissenschaftliche Seite nicht ganz zu befriedigen[1]. Den Prozeß der Arbeitsgestaltung an dieser Stelle im Zusammenhang darzustellen, erübrigt sich aber trotz des erwähnten Mangels durch die neueren Arbeiten der Kommunalen Gemeinschaftsstelle für Verwaltungsvereinfachung (KGST)[2]. Aus diesem Grunde sei gleich übergegangen zur Besprechung einiger veröffentlichter Anwendungsfälle; von diesen ausgehend, könnten Richtbeispiele und Richtwerte für Arbeiten in der Bibliothek gebildet werden:

(a) Grundlagen und Methoden der Arbeitsgestaltung vermittelt das bereits erwähnte Gutachten der KGST[3].

(b) Methoden zur zeitlichen Erfassung von Arbeitsvorgängen, und zwar mittels Stoppuhr und Zeitaufschreibung sowie mittels des Multimomentverfahrens wurden von den Autoren Barlen, Mathieu und Mevert genau beschrieben[4]. Ein Beispiel für einen Zeitaufnahmebogen findet sich ferner bei Möbus[5].

(c) Eine im Vergleich zu inzwischen erfolgten Veröffentlichungen (siehe unten) verhältnismäßig grobe Arbeitsplatz- und Ar-

---

1) Vgl. Möbus, R., a.a. O., S. 322 ff. Dieser Hinweis ist nicht als grundsätzliche Kritik an diesem Artikel zu verstehen, sondern betrifft nur einen speziellen Punkt: Es erscheint fraglich, ob es gelungen ist, neben der umfassenden Beschreibung der Frage der Anwendbarkeit arbeitswissenschaftlicher Methoden eine genaue Anleitung für Bibliothekskräfte zu geben, um stichhaltige Untersuchungen durchführen zu können.

2) Vgl. dazu Arbeitsuntersuchungen in der Kommunalverwaltung, a.a.O., sowie die dort angegebenen weiteren Veröffentlichungen der KGST, ferner: Zur Arbeitsorganisation wissenschaftlicher Bibliotheken, KGST, Köln, und DFG, Bad Godesberg, 1969.

3) Arbeitsuntersuchungen in der Kommunalverwaltung, a.a.O., ferner: Kommunale Öffentliche Bücherei, KGST, Köln 1964.

4) Mathieu, J., und Barlen, S., Richtwerte für Zeitaufwand und Kosten von Dokumentationsarbeiten, Forschungsberichte des Wirtschafts- und Verkehrsministeriums Nordrhein-Westfalen Nr. 636, Köln u. Opladen 1958; Barlen, S., und Mevert, P., Zeitliche Erfassung der Aufgabenverteilung in der Dokumentationsstelle durch Multimomentaufnahmen, in: NfD 12 (1961), 3, S. 133 - 136.

5) Möbus, R., a.a.O., S. 331.

beitsvorgangsbeschreibung in Verbindung mit Zeitaufnahmen geben Burgemeister und Prasse[1].

Feinere Unterscheidungen der Tätigkeiten bringt die Veröffentlichung von Dux und Ith[2], die bereits Erfahrungen und Zeitmessungen verschiedener Bibliotheken verwertet.

(d) Die bisher detaillierteste Arbeitsuntersuchung stellt wohl, aufbauend auf eine schwedische Arbeit[3], das Gutachten des Rationalisierungskommittees des Dänischen Bibliotheksverbandes dar[4]. Man findet darin u.a. die Arbeitsvorgänge in der Bibliothek in Einzeltätigkeiten aufgegliedert. Den Einzeltätigkeiten werden Personalkategorien zugeordnet, und es werden die Zeitanteile der Tätigkeiten an den Arbeitsvorgängen mitgeteilt. Für die einzelnen Arbeitsvorgänge finden sich Tabellen in Zeit- und Kostengrößen.

Schon aus Gründen der Vergleichbarkeit scheint es angebracht, in Deutschland mit den gleichen Begriffen und Methoden zu arbeiten, wie sie in diesem Gutachten Verwendung gefunden haben.

---

1) Burgemeister, B., und Prasse, W., Geschäftsgangsprobleme, Berlin 1962.

2) Dux, W., und Ith, G., Die Ermittlung erfahrungsstatistischer Werte für den Arbeitsaufwand bei einzelnen Tätigkeiten in wissenschaftlichen Bibliotheken in der DDR, in: ZfB 78 (1964), 9, insbes. S. 534 ff.

3) Organisation und Arbeitsmethoden der kommunalen Büchereien in Schweden. Dtsch. Übersetzung, KGST, Köln 1962.

4) Rationalisierung der öffentlichen Büchereien Dänemarks, dtsch. Übersetzung, Wiesbaden 1967.

5. Betriebsmittel

"Unter Betriebsmittel soll die gesamte technische Apparatur verstanden werden, deren sich ein Unternehmen bedient, um Sachgüter herzustellen oder Dienstleistungen bereitzustellen."[1] Die im folgenden platzgreifende Einteilung der Betriebsmittel in "herkömmliche" und "neuere" bedarf der Begründung:

Die unter dem Begriff "herkömmlich" subsummierten finden sich in der Literatur (Hinweise siehe unten, Punkt 6.1.) ausführlich behandelt, weswegen hier auf eine eingehende Darstellung verzichtet werden kann. Desto sorgfältiger soll das "neuere" Betriebsmittel EDV-Anlage untersucht werden.

5.1. Herkömmliche Betriebsmittel (der Bibliothek)

Unter der Überschrift "Das Gebäude" findet sich sowohl bei H. Fuchs[2] als auch bei H. Kunze[3] alles zusammengestellt, einschließlich Literaturverzeichnis beim Stand der Veröffentlichung[4], was unter diesem Punkt zu besprechen wäre:

Das Bauwerk selbst: Lage
Architektur
Gestaltung von Magazinen
Benutzerräumen
Diensträumen
Speicherbibliotheken

des weiteren: Klimaanlage
Telefon, Telex, Rufanlage
Fördermittel (Aufzüge, Bänder, Rohrpost)
Beleuchtung
Büroeinrichtung
Werkstatteinrichtung (z.B. Buchbinderei)

Damit sei der Behandlung der herkömmlichen Betriebsmittel genüge getan.

---

1) Gutenberg, E., a.a.O., S. 70.

2) Fuchs, H., a.a.O., S. 26 ff.

3) Kunze, H., Grundzüge der Bibliothekslehre, 3.Aufl., Leipzig 1966, S. 134 ff.

4) Vgl. dazu die nach dem Veröffentlichungsdatum der beiden

5.2. Die EDV-Anlage als neueres Betriebsmittel und die Bedingungen ihres optimalen Einsatzes

Der Einsatz einer EDV-Anlage verspricht in Bibliotheken von hohem Nutzen zu sein, da eine "große" Informationsmenge zu verarbeiten und zu speichern ist[1]. Dementsprechend heftig war die Diskussion um den Einsatz von EDV-Anlagen in Bibliotheken in den letzten Jahren. Heute steht außer Frage, daß die EDV die gegebenen Mittel zur Verfügung hält, um das Leistungsangebot der Bibliothek zu verbessern. Indessen muß davor gewarnt werden, die EDV als "deus ex machina" im Bibliothekswesen zu betrachten. Über den erfolgreichen Einsatz einer EDV-Anlage entscheidet nämlich in erster Linie nicht die Art der Anlage selbst (die hardware), sondern die Bedingungen, unter denen sie eingesetzt wird.

5.21 Die Bedingung der Integration

Insbesondere zählt zu diesen Bedingungen, daß die Anlage nicht als bessere Büromaschine z.B. nur im Rahmen der Ausleihverbuchung verwendet wird, sondern "integriert". Der Begriff der Integration wird vielschichtig verwandt: In diesem Zusammenhang[2] bedeutet er, daß

1. Universitäts- und Bibliotheksverwaltung integriert werden, was z.B. die Stammdaten der Hochschulangehörigen, die Lohn- und Gehaltsabrechnung usw. betrifft;
2. alle Daten, die das Bibliotheksgut kennzeichnen, nur einmal erfaßt werden (natürlich erst dann, wenn sie endgültig gesichert sind), als Grundlage der Integration der Aufgabenkreise Beschaffen, Aufbereiten und Wiederfinden;

---

zu S.34,4) Werke von Fuchs und Kunze erschienenen Beiträge: Kortzfleisch, H.v., Rationalisierungsmöglichkeiten..., a.a.O. S. 67 ff.; Kluth, R., Bibliotheksstruktur und Baustruktur, a.a.O., S. 17 ff.; Bibliotheksbauten in der BRD, in: ZfBB, Sonderheft 9 (1968); Mayerhöfer, J., Betriebswirtschaftliche Untersuchungen in Österreichischen Bibliotheken, in: ZfB, 82 (1968), 3, S. 133 ff.

1) Nach Kalscheuer, H.-D., Vorlesung über elektronische Datenverarbeitung, gehalten am 6.5.1968, TU Berlin.

2) Zum Begriff der Integration, bezogen auf die Bibliotheksstruktur, vgl. Mechanisierung und Automatisierung..., a.a.O.

3. die überlieferte Bibliotheksstruktur (Abteilungsgliederung) an den neuen, durch den computer erzeugten Informationsfluß angeglichen wird.

Von gleichrangiger Bedeutung für den Nutzen einer EDV-Anlage ist die richtige Vorbereitung ihres Einsatzes:

5.22 Die Bedingung der angemessenen Vorbereitung des Einsatzes

Es ergeben sich in der Regel folgende Schwierigkeiten[1], denen Rechnung zu tragen ist:

1. Hardware-Schwierigkeiten
2. Software-Schwierigkeiten
3. Personalbeschaffungsprobleme
4. Psychologische Probleme
5. Ungenügende organisatorische Regelungen
6. Speziell für die Systemforschung soll während mindestens zweier Jahre ein Betrag, der nicht unter 40 Monatsmieten der geplanten Anlage zu veranschlagen ist, aufgewandt werden[2].

Die Punkte 1 und 2 liegen außerhalb des Einflußbereiches der Bibliothek; sie brauchen deshalb nicht besprochen zu werden.

zu 3: Personalbeschaffungsproblem

Große Schwierigkeiten erwachsen der Bibliothek bei der Beschaffung geeigneten Personals. In vielen Produktionsbetrieben herrscht die Auffassung, daß "die erfolgreiche Arbeit in der EDV sehr detaillierte Kenntnisse des eigenen Betriebes verlangt, weshalb vorgezogen wird, firmeneigene Leute zu EDV-Mitarbeitern aller Art heranzubilden"[3]. Der Zwang, Kräfte

zu S.35, 2) Abschnitt "integrierte Systeme", S. 156 ff., insbesondere S. 157; Pflug, G., Probleme der EDV in Bibliotheken, in: Libri 15 (1965), S. 38; Hartmann, B., Vorlesung "Integrierte elektronische Datenverarbeitung", TU Berlin, WS 1967/68, insbes. vom 15.12.1967; ferner Lingenberg, W., Über Datenverarbeitung und spezielle Bibliotheksprobleme, in: Mitt.Bl.Bibl. 17 (1967), S. 28 f.

1) Nach Groener, N.E., Die Aufbauorganisation der Datenverarbeitung, Ein Erfahrungsbericht, Teil I, in: Zeitschrift für Datenverarbeitung, 1969 Heft 1, "Woher kommen die Einführungssorgen"?, S. 12 f.

2) Vgl. Kalscheuer, H.-D., a.a.O., ebenda.

3) Groener, N.E., a.a.O., S. 12.

aus dem eigenen Betrieb heranzuziehen, um sie auf den Augenblick des Einsatzes von EDV hin zu schulen, besteht für Bibliotheken in besonders starkem Maße. Wohl existieren Beratungsfirmen; doch die dort beschäftigten Systemanalytiker wissen in der Regel von den Eigenarten eines Bibliotheksbetriebes noch weit weniger als von den Besonderheiten des jeweils zu analysierenden Produktionsbetriebes. Gibt es doch auf dem Ausbildungsweg eines Wirtschaftsingenieures oder eines Betriebswirtes mehrere Möglichkeiten, vertiefende Sachkenntnisse auf Sondergebieten zu erwerben (z.B. im Rahmen spezieller Vorlesungen, Seminare, Exkursionen usw.). Eine "Betriebswirtschaftslehre der Bibliotheken" aber wird an einer Hochschule, die nicht Bibliothekarschule ist, sicher nicht gelesen; wer sollte sie auch besuchen? Die Bibliothek muß also davon ausgehen, daß sie noch weniger als "normale" Betriebe detaillierte Sachkenntnis von außenstehenden Beratern erwarten kann. Deshalb muß sie, langfristig planend, sich selbst das notwendige qualifizierte Arbeitskräftepotential schaffen, indem sie Mitarbeiter dementsprechend schulen läßt. Dieses Ansinnen erscheint freilich in Anbetracht der allgemein gespannten finanziellen und personellen Lage der Bibliotheken beinahe wirklichkeitsfremd. Ob hier nicht der Gedanke zwischenbetrieblicher Kooperation ein fruchtbares Arbeitsfeld finden würde?

In der bisher veröffentlichten Literatur über Geschäftsgangprobleme[1] ist jedenfalls kein Grund dafür zu finden, daß Arbeitsvorgänge und Tätigkeiten in den einzelnen wissenschaftlichen Bibliotheken so unterschiedlich sein müssen, daß nicht eine überregionale "Systemgruppe" sinnvoll eingesetzt werden könnte. Kern dieser Gruppe müßten geschulte Kräfte aus denjenigen Bibliotheken sein, die über ein gewisses Stadium der Einführung einer EDV-Anlage hinaus sind. Den ständigen Mitgliedern beigeordnet würden Kräfte aus der jeweiligen Bibliothek und Firmenleute. Neben der Verbesserung der Personalsituation

1) Vgl. dazu Punkt 4.3., S. 31.

verspricht dieses Modell folgende ökonomische Vorzüge:

Die "Pionier"-Bibliotheken bekämen durch eine entsprechende finanzielle Umlage ihre zusätzlichen Kosten, bedingt durch Schwierigkeiten der Anlaufphase, die dann aufgrund dieses Kooperationsmodelles mit hoher Wahrscheinlichkeit bei den Nachfolgebibliotheken vermieden werden können, anteilig zurückerstattet.[1] Eine Einführung von EDV-Anlagen auf breiter Basis (die früher oder später doch kommen muß) vorausgesetzt, dürften im Bibliothekssystem insgesamt erhebliche Einsparungen zu erwarten sein, durch den intensiveren Einsatz qualifizierter Kräfte (die gleiche Gruppe von Personen bewerkstelligt mehrere Einführungen) und durch die Vermeidung der erwähnten besonderen Kosten der Anlaufphase. Sicherlich ergäbe sich nebenbei durch die Arbeit der Systemgruppe eine größere Vereinheitlichung von Arbeitsvorgängen und Tätigkeiten - für Betriebsvergleiche z.B. ein großer Fortschritt. Als letzter (denkbarer) Vorteil sei angemerkt, daß eine Gruppe dieser Zusammensetzung einen mittleren Weg zwischen Betriebsblindheit und Betriebsunkenntnis beschreiten könnte.

zu 4: psychologische Probleme
An anderer Stelle[2] wurde schon darauf hingewiesen, daß bei der Einführung von Neuerungen der Mensch als begrenzendes Element, im Vergleich zu Industrie und Handel, in der Bibliothek eine verhältnismäßig große Rolle spielen wird. Aus diesem Grunde ist gerade bei dem Einsatz einer EDV-Anlage genügend Zeit und Mühe einzuplanen, um einen Lernprozeß, der auch in der Industrie durchgemacht werden mußte, zu ermöglichen.

zu 5: Ungenügende organisatorische Regelungen
Bisher ist dem Verfasser noch kein ausgereiftes integriertes System bundesrepublikanischer Bibliotheken bekannt gewor-

1) Vgl. dazu G. Pflug: "Die Planung eines neuen Systems, die letztlich allen Bibliotheken zugute kommt, kann gerechterweise nicht der augenblicklichen Kostenrechnung der Universitätsbibliothek Bochum ... angelastet werden." in: Erfahrungen und Probleme der EDV an der UB Bochum, EDV in der UB Bochum, hrsg. von G. Pflug, Bochum 1968, S. 23.

2) Vgl. Punkt 4.2., S. 29.

den[1]. Ohne die folgende These für einzelne Bibliotheken schlüssig beweisen zu können, sei der Vermutung Ausdruck verliehen, daß ein Grund für diesen Zustand in unzureichender organisatorischer Vorbereitung zu sehen ist. Es sei daran erinnert, daß bisher nur wenige Versuche unternommen worden sind, den Ist-Zustand von Aufbau- und Ablauforganisation z.B. mit Mitteln der Arbeitswissenschaft zu beschreiben bzw. Arbeitsvorgänge zu quantifizieren[2]. Weiter sei darauf hingewiesen, daß bis heute praktisch keine Kosten- und Leistungsrechnung existiert[3]. Ohne die Daten einer Kosten- und Leistungsrechnung und ohne systematische Analyse des Ist-Zustandes der Betriebsorganisation anhand der erwähnten Mittel aber sind gezielte Rationalisierungsmaßnahmen nicht möglich; noch viel schwieriger gestaltet sich jedoch die Einführung einer EDV-Anlage. Dieser Sachverhalt mag als Indiz dafür gelten, daß für viele Bibliotheken die grundlegenden betriebswirtschaftlichen Bedingungen für den optimalen Einsatz von EDV noch nicht gegeben sind. Schlagworte wie "computerized library" enthüllen sich vor diesem Hintergrund, Bibliotheksneugründungen in jüngster Zeit einmal ausgenommen, als reine Augenwischerei. Damit sind die Probleme der Leitung in diesem Bereich noch nicht erschöpft[4]:

Die EDV ist ein so junges und sich so schnell entwickelndes Verfahren, daß ihre Möglichkeiten nicht von allen Betriebsangehörigen richtig eingeschätzt werden können. Werden deshalb nicht von der Bibliotheksleitung konkrete Zielvorstellungen über deren Einsatz vorgegeben, so besteht die Gefahr, daß die beim Aufbau des elektronischen Datenverarbeitungssystems Beteiligten disharmonierende Entscheidungen und Maßnahmen treffen und somit Verzögerungen und dauernde Reibungspunkte schaffen.

Die EDV verursacht tiefgreifende Änderungen der Arbeitsabläufe

---

1) Vgl. dazu auch Lingenberg, W., Computereinsatz in Bibliotheken der BRD, in: ZfBB 16 (1969), 1, S. 1 ff.

2) Vgl. dazu Punkt 4.3., S. 31.

3) Vgl. Kortzfleisch, H.v., Rationalisierungsmöglichkeiten..., a.a.O., S. 80 ff.

4) Vgl. zu den folgenden Ausführungen Groener, N.E., a.a.O., S. 13.

in den einzelnen Bibliotheksabteilungen und stellt die herkömmliche Abteilungsgliederung in Frage. In der Regel führen die Abteilungen die Umstellung nicht in eigener Verantwortung durch, sondern es erfolgt ein Eingriff von außen durch die das neue System planenden Aufgabenträger. Von der Zusammenarbeit zwischen ihnen und den "alten" Abteilungen hängt aber entscheidend die Integration der EDV und damit deren Gesamterfolg ab. Die dem Betrieb zweckmäßigste, d.h. vor allem auch laufende Reibereien vermeidende Gestaltung dieser Arbeitsbeziehungen stellt deshalb ein großes Strukturproblem dar.

6. Verfahren

"Ist ein Betrieb mit einem bestimmten Bestand an Betriebsmitteln gegeben, dann steht die Betriebsleitung vor der Aufgabe, die einzelnen Betriebsmittel so zu kombinieren, daß leistungsfähige betriebstechnische Einheiten zustande kommen."[1] Die Kombination der Betriebsmittel geschieht anhand von Verfahren[2]. Die Auseinandersetzung mit den in der HB angewandten Verfahren wird sich in zwei Stufen vollziehen. Die erste Stufe besteht in einer Analyse des Laufes des Buches in der Bibliothek der Technischen Universität Berlin. In der zweiten Stufe wird versucht werden, anhand ergänzender Literaturbeispiele ein vereinfachtes und allgemeingültiges Verfahrensmodell zu formulieren. Daran anschließend werden Kritik und Diskussion folgen.

6.1. Verfahrensmodelle des Geschäftsganges

6.11 Arbeitsablaufplan des Geschäftsganges der Bibliothek der Technischen Universität Berlin

Der Arbeitsablaufplan beginnt mit dem Eingang von Bibliotheksgut an irgend einer Stelle der HB. Er endet, wenn das Gut dem Benutzer zur Verfügung gestellt wird, in der Regel durch Aufstellung und Nachweis. Der Arbeitsablaufplan selbst, eine Erläuterung, eine Tabelle der Tätigkeiten und weitere Tabellen finden sich in der Anlage.

6.12. Ein vereinfachtes Verfahrensmodell

Vergleicht man die in der Literatur wiedergegebenen Geschäftsgangbeispiele[3] mit dem Arbeitsablauf der Bibliothek der

---

1) Gutenberg, E., a.a.O., S. 96.

2) Zum Verfahrensbegriff vgl. Gutenberg, E., a.a.O., S. 86.

3) Vgl. dazu z.B. Schmied, K., Buchdurchlaufzeit. Unveröffentlichte Diplomarbeit, geschrieben an der TH Wien beim Institut für Mechan. Technologie II und Betriebstechnik (1966/67), S. 23 ff. und Beilagenteil; Zur Arbeitsorganisation wissenschaftlicher Bibliotheken, a.a.O., Arbeitsvorgang 1: Lauf des Buches; Der Geschäftsgang an Universitäts- und Hochschulbibliotheken (2. Entwurf) Berlin: Method. Zentrum f. wiss. Bibliotheken 1967, S. 38, wiedergegeben in: Möbus, R., a.a.O.

TUB[1], lassen sich unschwer übereinstimmende Merkmale feststellen. Sie rechtfertigen es, mit dem folgenden allgemeinen, vereinfachten Verfahrensmodell zu arbeiten:

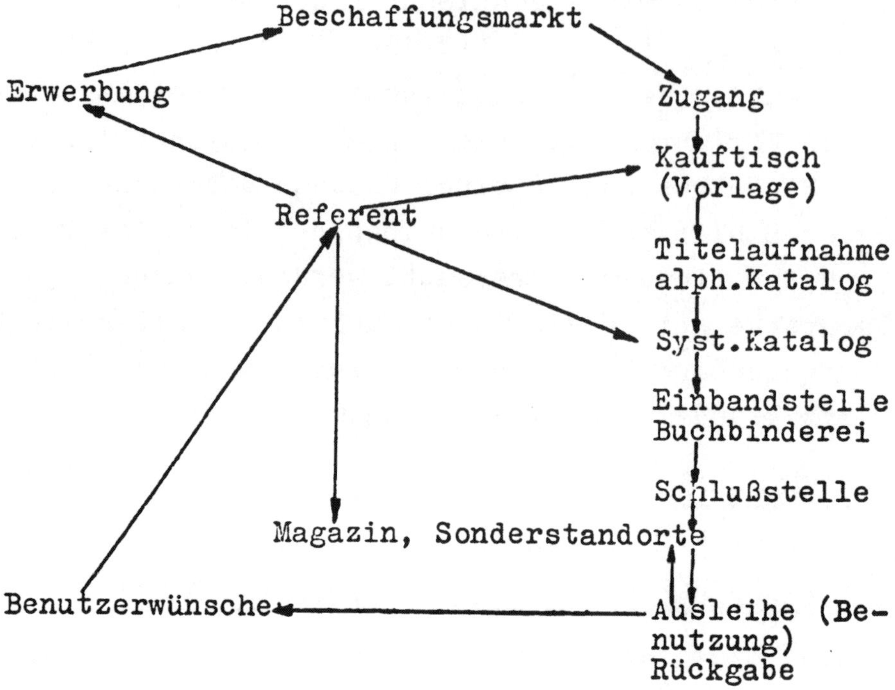

Die in verschiedenen Veröffentlichungen benutzte Terminologie ist nicht einheitlich[2]. Aus diesem Grunde seien einige klärende Bemerkungen vorangestellt[3]:

(1) Das Flußprinzip

Auf eine kurze Formel gebracht, bedeutet das Flußprinzip, daß die Anordnung der Arbeitsplätze eine Funktion des Materialflusses ist. Unter "fließendem Material" ist in unserem Falle das Bibliotheksgut zu verstehen.

---

zu S. 41, 3) S. 326; Burgemeister, B., Prasse, W., a.a.O., S. 33; Mayerhöfer, J., a.a.O., S. 136 ff.; Schwarz, G., Über den Geschäftsgang..., a.a.O.

1) Vgl. Anlage.

2) Vgl. Fußnote3 S. 41.

3) Im wesentlichen folgt diese Darstellung den Ausführungen von Prof. Dr. B. Schulte, a.a.O., am 4.7. und 11.7.1968.

Einige Vorteile der Zuordnung nach dem Flußprinzip sind:
1. Minimierung von Liegezeiten
2. Übersichtlichkeit des Arbeitsablaufes
3. Bestmögliche Anpassung von Arbeitsplatz und Betriebsmittel an den Arbeitsvorgang
4. Einfachere Planung, Steuerung und Kontrolle des Arbeitsvorganges

Als Besonderheiten des Flußprinzips gelten:
1. Leistungsabstimmung der Arbeitsplätze,
2. Fördern des Arbeitsgutes von Platz zu Platz und
3. Zeitliche Bindung der Arbeitsperson an die Arbeit.

Zu dem letzten Punkt sei bemerkt, daß der Grad der Bindung der Arbeitsperson an die Arbeit durch die Taktzeit in ausgesprochen weitem Rahmen zu schwanken vermag.

Die entscheidende Voraussetzung, Flußarbeit hinreichend wirtschaftlich anwenden zu können, ist eine große und kontinuierlich anfallende Stückzahl. Aber auch hier sind die Grenzen flexibel,man denke z.B. an die Einrichtung von Fließnestern in kleineren Bereichen.

(2) Das Verrichtungsprinzip
Bei der Anwendung des Verrichtungsprinzips ist der Weg des Materialflusses eine Funktion der Anordnung der Arbeitsplätze.

Die Vorteile nach dieser Zuordnung bestehen in der Möglichkeit, Betriebsmittel und qualifizierte Arbeitskräfte intensiver nutzen und elastischer auf Schwankungen von Materialfluß und Personalbestand reagieren zu können. - Die Vorteile des einen Prinzips sind in der Regel die Nachteile des anderen.

Der "Geschäftsgang" als verfahrenstechnisches Problem stellt sich nun folgendermaßen dar:
Die beim Zugang des Bibliotheksgutes zunächst vorzunehmenden Arbeiten lassen sich leicht nach dem Flußprinzip organisieren. Im einzelnen handelt es sich in der Regel um folgende Vorgänge: Kontrolle des Bibliotheksgutes auf Vollständigkeit und

Unversehrtheit, Kontrolle von Liefertermin und Preis, Inventarisierung usw.[1].

Bei dem sich anschließenden "Kauftisch"[2] kommen die Referenten eigens zum Buch[3], wodurch das Flußprinzip durchbrochen wird. Die Titelaufnahme läßt sich wieder nach dem Flußprinzip organisieren, zweckmäßigerweise in der Form der Mehrstellengruppenarbeit. Um die Zuordnung der Titel zum systematischen Katalog durchzuführen, findet in der Regel wieder das Verrichtungsprinzip Anwendung, indem das Bibliotheksgut zu den einzelnen Referenten transportiert wird.

In der Einbandstelle liegen wieder andere Verhältnisse vor: Dort ist man bestrebt, möglichst große Bündel, Lose oder Partien zusammenzustellen, die gleichartig zu bearbeiten sind, um u.a. Zeitverluste durch häufiges Umrüsten zu vermeiden. Diese Bemühung steht aber im Gegensatz zur Zielsetzung, die Durchlaufzeit zu minimieren. Die Findung des Optimalpunktes bereitet aber deswegen Schwierigkeiten, da die Bibliothek nicht über verbindliche Maßstäbe verfügt, mit welchem Wert eine Einheit Wartezeit zu veranschlagen sei.

Auf der Seite der Bestellung des Verfahrensmodelles begegnet man wieder dem Verrichtungsprinzip in der Form des Referentsystems bei der Wahl des zu bestellenden Bibliotheksgutes. Der Bestellvorgang selbst (Bestellkartei, Auftragsschreibung) mag in seinem Wesen wieder dem Flußprinzip zugeordnet sein.

6.2. Kritik und Diskussion

(1) Anhand dieser recht groben Analyse lassen sich folgende Schwachstellen erkennen:

(a) Es erfolgt eine mehrmaliger Wechsel von Fluß- und Ver-

---

1) Aufzählung der Tätigkeiten nach Kunze, H., Grundzüge..., a.a.O., S. 270 ff.

2) Zur Kritik von Kaufsitzungen i.allg. vgl. Kortzfleisch, H.v., Rationalisierungsmöglichkeit..., a.a.O., S. 41 f.

3) Zu den Tätigkeiten der Referenten vgl. den Arbeitsablaufplan TU, Anlage, i/j: 7/8, 8/9, 8/11.

richtungsprinzip;

(b) Gleichsetzung von Abteilungs- und Arbeitsgliederung;

(c) Aus (a) und (b) ergeben sich lange Transportwege und eine Vielzahl von Zwischenlagern, gleichbedeutend mit Zeitverlusten;

(d) Der Arbeitsablauf ist nicht übersichtlich; es können Bücher oder Gruppen von Büchern in einem der Zwischenlager um Wochen zurückbleiben;

(e) Die Mehrfachfunktion der Referenten.

Die verfahrensbedingten Zeitverluste führen zu folgender grotesken Situation: "Die effektive Gesamtbearbeitungszeit für ein Buch beträgt im Durchschnitt weniger als zwei Stunden. Dieser Wert basiert nicht auf Einzelstudien, sondern ergibt sich durch den Vergleich der jährlichen Arbeitszeit und der Zahl der bearbeiteten Bücher. Er ist bei großen und kleinen Bibliotheken annähernd gleich. Die Gesamtdurchlaufzeit eines Buches vom Eingang in der Bibliothek bis zur Aufstellung im Magazin liegt bei kleineren Bibliotheken in der Größenordnung einiger Tage, bei großen Bibliotheken in der Größenordnung vieler Monate. Im letzteren Fall wird in kaum zwei Promille der Zeit, während der sich das Buch "in Bearbeitung befindet", wirklich daran gearbeitet."[1)]

(2) Dieser unbefriedigende Zustand ist den Bibliotheken durchaus bewußt. Bibliothekare versuchen auch abläufe , die aufgezeigten Probleme[2)] zu analysieren und zu lösen. Daß diese Versuche unvollkommen sind, wird von fortschrittlichen Bibliothekaren selbst zugestanden, ja noch mehr, sie suchen den Kontakt zur Wirtschaftswissenschaft und Arbeitswissenschaft, um besser an die Probleme heranzukommen. Als Musterland könnten auch hier wieder einmal die Vereinigten Staaten herhalten,

1) Mayerhöfer, J., a.a.O., S. 136.

2) Vgl. dazu auch Punkt 4.2. dieser Arbeit: Grenzen der Übertragbarkeit arbeitswissenschaftlicher Kenntnisse auf den Bibliotheksbetrieb, S.29.

die mehrere Universitätsinstitute für Bibliotheksforschung[1] vorweisen können. Für diesen Bereich genügt es aber durchaus, sich im deutschsprachigen Raum umzusehen: Sowohl Österreich[2] als auch die DDR[3] (über methodische Zentren für die deutschsprachige Schweiz wurde nicht nachgeforscht) haben vergleichbare Institutionen in den letzten Jahren aufgebaut. Insbesondere das Beispiel, das von seiten der DDR gegeben ist, dürfte die bundesrepublikanischen Zustände deutlich beleuchten: Mußten doch beide Bibliothekssysteme von genau der gleichen Bibliotheksstruktur mit annähernd identisch ausgebildeten Bibliothekaren, verbunden durch die gleiche Bibliothekstradition, ausgehen. Und in der Tat, es lassen sich am Spiegel der Literatur bis Anfang der sechziger Jahre keine wesentlichen Unterschiede zwischen den beiden Systemen auf der instrumentalen Ebene herauslesen. Doch etwa ab der zweiten Hälfte dieses Jahrzehnts zeigt sich eine deutliche Wandlung, sowohl Thematik als auch Qualität betreffend, in Veröffentlichungen von Bibliothekaren in der DDR an. Einer der deutlichsten Marksteine sieht der Verfasser in der 3.Auflage (1966) der "Grundzüge der Bibliothekslehre" von Horst Kunze.

Man vergleiche diese einerseits mit ihren früheren Auflagen und andererseits z.B. mit Hermann Fuchs' "Bibliotheksverwaltung" (1963): Ein bedeutungsvoller Wandel ist unverkennbar.

Die Lage der Forschung über Fragen der Bibliothek (und der Informationsvermittlung im weiteren Sinne) in der BRD muß, verglichen mit ihren nächsten Nachbarn, als unbefriedigend empfunden werden: Abgesehen von einem geplanten Institut für Bibliothekstechnik an der Staatsbibliothek Preußischer Kulturbesitz (weshalb nicht an einer Universität oder TH, es sollen doch gerade Bibliothekare mit Wissenschaftlern anderer Diszi-

---

1) z.B. Institute of Library Research der University of California.

2) Österreichisches Institut für Bibliotheksforschung.

3) Methodisches Zentrum für wissenschaftliche Bibliotheken beim Staatssekretariat für das Hoch- und Fachschulwesen.

plinen zusammenarbeiten?) , manifestiert sich das Bibliothekswesen als integraler Bestandteil des zutiefst reformbedürftigen bundesrepublikanischen Systems von Bildung, Wissenschaft und Forschung.

6.3. Vorschläge zur Beschleunigung des Geschäftsganges oder: Ein Diskussionsbeitrag zu: Betriebswirtschaftliche Untersuchungen in Österreichischen Bibliotheken von Dr. Josef Mayerhöfer[1)]

(1) Verminderung der Durchlaufzeit durch Verringerung der "Losgröße"[2)]

"Im Idealfall wird ein Buch nach der Bearbeitung sofort weitergegeben. In der Praxis kann dieses nur ausnahmsweise der Fall sein.Es ist allerdings ein beträchtlicher Unterschied, ob die von jedem Bearbeiter erledigten Bücher nur einmal in der Woche weitergegeben werden oder täglich oder vielleicht noch öfter. Eine extreme Verringerung der Losgröße ist aber eine sehr gefährliche Maßnahme."[3)] Die Gefährlichkeit wird dann hauptsächlich mit folgenden Argumenten begründet, ohne jedoch die Grenzen für "extrem" abzustecken:

- Störungsanfälligkeit bei Krankheit, Urlaub und technische Störungen
- spezifische Bearbeitungsschwierigkeit gewisser Bücher
- diskontinuierliche Anlieferung des Bibliotheksgutes
- Zwang zur schnellen Weitergabe = Neigung zu flüchtiger Bearbeitung

(2) Der zweite, ebenfalls mit sehr vielen Fragezeichen versehene Vorschlag betrifft die "Verringerung der Zahl der Bearbeitungsstellen"[4)]. Gegen diesen Weg wird im wesentlichen eingewandt, daß er dem Grundsatz der Arbeitsteilung widerspräche, und Arbeitsteilung habe doch die großen Erfolge der Fließband-Fertigung erst möglich gemacht. "Die bibliothekarische Tätigkei

1) Erschienen in: ZfB 82 (1968), 3.
2) Vgl. Mayerhöfer, J., ebenda S. 136.
3) Ebenda.
4) Ders., ebenda S. 137.

kann aber nur bedingt mit Fließbandarbeit verglichen werden, wenn auch ein strenger Arbeitsfluß, d.h. Durchlauf, eingehalten werden muß. Ein Fließband arbeitet aber mit der Losgröße 1, d.h. jedes Werkstück wird nach der Bearbeitung sofort weitergegeben. Wenn die Arbeit zerlegt wird, aber das Werkstück nicht sofort weitergereicht werden kann, muß man notgedrungen Lose einführen, die nach der obigen Darstellung bei der Buchbearbeitung nicht zu klein sein dürfen. Da die Bücher erst weitergegeben werden können, wenn das ganze Los aufgearbeitet ist, bringt jede Bearbeitungsstelle gezwungenermaßen eine Verzögerung mit sich. Eine erhöhte Gesamtdurchlaufzeit ist also eine direkte und unausweichliche Konsequenz der Arbeitsteilung, wenn aus inneren Gründen nicht gleichzeitig das Fließband eingeführt werden kann."1)

(a) Die Alternative, entweder "echtes Fließband"[2] bei"Losgröße 1" oder keine Anwendung der Arbeitsteilung, ist falsch begründet: "Wenn die Arbeit zerlegt wird aber das Werkstück nicht sofort weitergereicht werden kann, muß man notgedrungen Lose einführen..." Dazu sei bemerkt: "Fließbandarbeit" und "Losgröße"[3] haben keinen unmittelbaren Bezug, und Fließbandarbeit ist nicht identisch mit Arbeit an der Fließstraße. Denn selbst bei Anwendung eines umlaufenden Bandes als Fördermittel gibt es die Möglichkeit der Pufferung, was das Arbeiten ohne

1) Ebenda.

2) Ebenda, S. 137

3) Zum Begriff der Losgröße: Es ist ein fundamentaler Fehler, die Begriffe Losgröße und "Fließbandarbeit" in Verbindung zu bringen. Von Losen spricht man im Falle der Serienfertigung im Mehrproduktbetrieb, wenn eine neue Artikelserie aufgelegt wird. Die kostengünstigste Auflagenhöhe wird dabei die optimale Losgröße genannt. Ob nun bei der Organisation der Fertigung das Fluß_ oder Verrichtungsprinzip Anwendung gefunden hat, hat mit derFrage der Losgröße nichts zu tun. Dazu ein Beispiel aus dem Bibliotheksbereich: Bücher, Zeitschriften usw. werden in verschiedenen Formaten angeliefert. Sammelt man gleiche Formate zu "Bündeln", um diese, z.B. zur Vermeidung von Umrüstkosten in der Buchbinderei, als "Auflage" zu bearbeiten, so stellen diese Bündel Lose dar. Das Problem der optimalen Losgröße besteht für die Bibliothek darin, einerseits möglichst große, zur Verteilung auflagenfixer Kosten auf viele Exemplare, anderseits jedoch möglichst kleine Lose zur Vermeidung von Lagerzeiten zu bilden. Ob die Arbeit, Flußprinzip einmal vorausgesetzt, strenge oder gar keine Taktbindung vorschreibt, hat zur Frage der Losgröße keinen Bezug.

so starke zeitliche Bindung, wie es die Taktzeit z.B. in einer Fließstraße darstellt, bedeutet. Die Prämisse: "Da die Bücher erst weitergegeben werden können, wenn das ganze Los aufgearbeitet ist...", entbehrt also der Begründung. Damit aber ist der Kernsatz: "Eine erhöhte Gesamtdurchlaufzeit ist also eine direkte und unausweichliche Konsequenz der Arbeitsteilung, wenn aus inneren Gründen nicht gleichzeitig das Fließband eingeführt werden kann" in dieser Form nicht mehr aufrechtzuerhalten.

(b) Zur Argumentation im einzelnen:
Gewiß ist eine Fertigung, aufgebaut nach dem Flußprinzip, störungsanfällig. Diese Aussage ist aber unvollständig, da der Grad der Störanfälligkeit in hohem Maße von der Art der Arbeit bzw. von der Tiefe der Artteilung sowie von der Strenge der Taktbindung abhängt. Ohne Spezifizierung dieser Kriterien, man denke nur an die Möglichkeit des Einsatzes von Springern, ist die Aussage "die Arbeitskette ist äußerst empfindlich..."[1] auf einen konkreten Fall nicht anwendbar.

Daß spezifische Bearbeitungsschwierigkeiten auftreten, ist ebenfalls kein stichhaltiger Grund, eine Anwendung des Flußprinzips pauschal abzuwerten. Zwei Wege gibt es, diese Schwierigkeiten zu bewältigen: die "Sonderfertigung" oder eine Vertiefung der Artteilung im Zuge der Arbeitsvorgangsgestaltung.

Auch das Argument der diskontinuierlichen Anlieferung des Bibliotheksgutes muß in diesem Zusammenhang relativiert werden: Erstens: Es wäre eine Aufgabe der Beschaffung, kurzfristigen Schwankungen in Zusammenarbeit mit dem Buchhandel vorzubeugen. Zweitens: Im Zuge der Erwerbungspolitik müßte auf einen Ausgleich längerfristiger Schwankungen hingearbeitet werden. Drittens: Daß die Ziele maximale Kapazitätsauslastung und minimale Durchlaufzeit nicht gleichzeitig zu erreichen sind, kann, als allgemeineres Optimierungsproblem, nicht speziell dem Flußprinzip angelastet werden. Und zuletzt: Es ist doch

---

1) Ebenda, S. 136.

eine Frage der Taktzeit und der Taktbindung, ob die Arbeitskräfte zu flüchtiger Bearbeitung gezwungen werden, aber doch nicht eine Frage des Prinzips!

(c) Grundsätzliche Kritik:
Die von Mayerhöfer dargestellten Mängel treffen, wie zu zeigen versucht wurde, allenfalls einzelne Aspekte des Flußprinzips. Fruchtbarer wäre es, folgende Zusammenhänge zu untersuchen: Ab welcher Mengenleistung ist es sinnvoll, bei einer Anordnung der Arbeitsplätze nach dem Flußprinzip,z.B. eine Fließreihe, d.h. ungebundene Fließarbeit mit sich unregelmäßig ansammelndem Vorrat, oder eine Fließstraße, gekennzeichnet durch strenge Taktbindung und genau einzuhaltende Taktzeit, einzurichten? Parallel dazu wäre zu klären: Bis zu welcher Tiefe kann bei der Buchbearbeitung z.B. unter dem Aspekt des Einsatzes von "Springern" Artteilung betrieben werden, und wie lange ist Mengenteilung sinnvoll?

Vermutlich werden es nur wenige große Universalbibliotheken sein, bei denen es die Menge des eingehenden Bibliotheksgutes erlaubt, den Geschäftsgang nach der Art einer Fließstraße zu organisieren. Doch das ist eine Entscheidung, die nur anhand genauer Untersuchungen getroffen werden kann.

Des weiteren wäre es sehr unklug, neben dieser äußersten Möglichkeit der Anwendung des Flußprinzips die Vielzahl von Möglichkeiten zu übersehen, Fließnester und Fließverbände mit dem den jeweiligen Verhältnissen angepaßten Grad an Art- und Mengenteilung sowie zeitlicher Bindung an den Arbeitsvorgang einzurichten[1].

---

1) Vgl. dazu die Argumentation von Mayerhöfer, ebenda, S. 137: "Allgemein gesprochen hat also eine Arbeitsteilung nur dann einen administrativen Sinn, wenn es auf die Gesamtdurchlaufzeit nicht ankommt, ober bei Losgröße 1, wenn also jedes Werkstück sofort nach Bearbeitung weitergegeben wird und niemand zu warten braucht, d.h. bei einem echten Fließband."

(3) Einsatz von Arbeitsgruppen

Die vorgeschlagenen Arbeitsgruppen[1] haben ungefähr folgendes Aussehen:

Sie sollen bestehen aus "einem akademisch gebildeten Bibliothekar, einem Bibliothekar des gehobenen Dienstes, einer Schreibkraft und einer Hilfskraft..." Sie würden "entweder ein sachliches Referat oder aber Bücher aus einem bestimmten Land zu betreuen haben. Die Bearbeitung würde die Bestellung, Inventarisierung, Nominal- und Sachkatalogisierung, Herstellung eines Zettelmanuskripts, Besorgung der Verfielfältigung der Zettel, Auswerfen der richtigen Schlagwörter, Einlegen in den Beamtenkatalog, Vorbereiten der Bücher für den Buchbinder oder direkte Erledigung der Adjustierung umfassen". "Das Schwergewicht der hier geschilderten Gruppenarbeit würde in dem Zusammenspiel von vier Arbeitskräften verschiedener Vorbildung beruhen. Ihre integrierte Tätigkeit würde nicht nur zu einer Beschleunigung der Arbeit führen, sondern sie wäre auch interessanter, ferner wäre das Arbeitsklima besser, da die Gruppenarbeit bekanntlich große Vorteile aufweist."

So fruchtbar dieser Vorschlag an sich ist, so bedarf es doch einiger kritischer Anmerkungen zu seiner Begründung: Die Idee des "job enlargement"[2] und das Prinzip der "minimalen Handänderungen"[3] werden als Hauptstützen dieser Konzeption vorgestellt. Einmal verfahrenstechnisch betrachtet, zeigt das Modell folgende Grundzüge:

1. Anwendung des Verrichtungsprinzips, durch Aufteilung des Bibliotheksgutes auf Referate;
2. Artteilung innerhalb der "Arbeitsgruppe"[4];

1) Vgl. dazu und zu den folgenden Zitaten ebenda, S. 139 f.

2) Ebenda, S. 138.

3) Ebenda, S. 138.

4) Im Sinne der Arbeitswissenschaft findet keine Gruppenarbeit statt; jede Arbeitskraft innerhalb der Gruppe hat ihren eigenen Arbeitsplatz und ist grundsätzlich selbst für ihre Leistung verantwortlich.

3. Der Arbeitsgang innerhalb der Gruppe ist nach dem Flußprinzip angelegt.

Ein Vergleich mit dem bislang dominierenden Aufbau des Geschäftsganges[1] zeigt: Das Referentensystem bleibt bestehen, jedoch werden alle die Tätigkeiten, die sich nach dem Flußprinzip organisieren lassen, räumlich zusammengefaßt. Was früher (echte) Mehrstellengruppenarbeit war (z.B. mehrere Kräfte haben gemeinsam die Arbeit der Titelaufnahme zu bewältigen), wird nun aufgespalten nach dem Prinzip der Mengenteilung. Die Zahl der administrativ bedingten Abteilungen hat sich verkleinert, was gewiß von großem Vorteil sein kann. Er könnte jedoch ohne einen gewissen Zwang, ausgeübt durch die Anwendung des Flußprinzips innerhalb der Gruppen, wieder kompensiert werden.

Von der verfahrenstechnischen Seite aus gesehen, wurden also
- Wege eingespart durch räumliches Zusammenlegen bisher getrennter Arbeitsplätze und
- Zwischenlager aufgelöst durch Veränderung der Abteilungsgliederung und durch die Verminderung der Zahl der Verfahrenswechsel.

Mit Recht können von diesen Veränderungen Zeiteinsparungen erwarten werden. Es werden aber nach wie vor die gleichen Tätigkeiten von den gleichen Kräften ausgeführt: Die Ablauforganisation ist geblieben, die Aufbauorganisation wurde modifiziert. - Was aber hat diese Maßnahme mit "job enlargement" und dem "Prinzip der minimalen Zahl der Handänderungen" zu tun? K. Schmied, der in seiner Arbeit[2] eine empirische Grundlage zu diesem Thema geliefert hat, fand einen einfacheren Zusammenhang: "Bei meiner Arbeit hat sich herausgestellt, daß die Buchdurchlaufzeit um so geringer ist, je kleiner die Zahl der Sachbearbeiter und die Länge der Transportwege ist."[3]

1) Vgl.6.1., S. 41.

2) Schmied, K., a.a.O.

3) Ebenda, S. 44.

7. Planung

"Betriebliche Planung ist Vorschau, ist Setzung zukünftiger Ziele und Vorausbestimmung der zu ergreifenden Maßnahmen, um die gesteckten Planungsziele zu erreichen."[1] "Jede Planung vollzieht sich in bestimmten aufeinanderfolgenden Schritten und beginnt mit der Setzung von bestimmten Zielen ("Zielplanung"), die es zu erreichen gilt."[2] Auf die Zielplanung baut sich die Gesamtheit der Teilpläne der betrieblichen Teilbereiche auf. Die Schritte, die also im Abschnitt Planung zu vollziehen sein werden, sind die Klärung der Voraussetzungen für eine Planung, die Untersuchung, inwieweit diese in Bibliotheken gegeben sind, und die Besprechung einer Planungsmethode.

7.1. Bedingungen der Planung

7.11. Planungsprämissen

"Die Planung der Wege, der Mittel und der Zeit zur Erreichung der gesteckten Ziele muß sich, wenn sie nicht unrealistisch sein soll, auf bestimmte Planungsprämissen stützen."[3]:

1) geschätzte zukünftige Daten
2) grundsätzliche Betriebspolitiken
3) ausgebaute Buchhaltung
4) Selbstkostenrechnung
5) Statistik
6) Betriebsorganisation mit genauen Arbeitsablaufplänen und Zeitstudien[4]

Das Hauptproblem bei der Bestimmung von Planprämissen ist die

---

1) Mellerowicz, K., Allgemeine Betriebswirtschaftslehre, Band IV, 11.Aufl., Berlin 1963, S. 158.

2) Ebenda, S. 160.

3) Ders., ebenda, S. 160.

4) Vgl. dazu ders., ebenda; es sind hier nur diejenigen Bedingungen wiedergegeben, die im Hinblick auf wissenschaftliche Bibliotheken von Bedeutung erscheinen.

Schätzung der zukünftigen Entwicklung. Welche Schwierigkeiten für die Bibliotheken im besonderen dabei auftreten, sei anhand der getroffenen Einteilung der Aufgabenkreise gezeigt.

(1) Beschaffen von Informationen

Zwei voneinander getrennt zu betrachtende Entwicklungen verdienen beachtet zu werden: einmal das Hinzukommen und ggf. Wegfallen von Informationsträgern, zum anderen die Veränderung des quantitativen und qualitativen Aufkommens der einzelnen Trägerarten.

(a) Das Hinzukommen neuer Informationsträger
Jahrhundertelang bestand das Bibliotheksgut aus bedrucktem oder beschriebenem Papier. Vor einigen Jahrzehnten hat der Informationsträger Film (Mikrofilm, Mikrokarten, Mikrofiches) Einzug gehalten, vor einigen Jahren Magnetband, Magnettrommel, Magnetkarte bzw. Kernspeicher.

Jeder Datenträger benötigt für sich ihm eigene Geräte und Vorrichtungen für Aufbewahrung und Zugriff. Je "neuer" die Datenträger, desto mehr steigt der für Aufbewahrung und Zugriff zu betreibende Aufwand. Dieser Aufwand und die Geschwindigkeit des Hinzukommens neuer Informationsträger üben zunehmend Zwang aus, langfristig zu planen.

(b) Veränderung des qualitativen und quantitativen Aufkommens der einzelnen Arten von Informationsträgern
Am einfachsten gestaltet sich eine Prognose bei Biographien (was sie betrifft, gibt es eine größere Anzahl ernstzunehmender Schätzungen[1]). Was mit der Masse der Zeitschriften, Kongreßberichten usw. geschehen wird, ist indessen nicht ohne weiteres abzusehen. Ihre Zahl ist inzwischen in solchem Maße gestiegen, daß man glaubt, mit einer Verbesserung ihrer Koordination, dem Austausch von noch mehr Informationen die auf Seite   dieser Arbeit angesprochenen Probleme nicht mehr

1) Vgl. Punkt 2.1., Fußnote 4 und 5, S. 6.

lösen zu können. Wie dort schon angedeutet, wird im Zuge der Informationsaufbereitung eine scharfe Reduktion der Datenfülle stattfinden müssen, zugunsten einer Hebung des Informationsgehaltes[1]. Bemühungen dazu werden bereits angestellt[2]. Die zu erwartende Entwicklung der Informationsträger Film, Magnetkarte usw. konnte aus zeitlichen Gründen im Rahmen dieser Arbeit im einzelnen nicht weiter untersucht werden.

(2) Im Bereich von Aufbereiten und Wiederfinden von Informationen stellt die Anwendung der EDV zweifellos die größten Entwicklungsmöglichkeiten dar. Die große Fülle der Literatur[3] und bestimmte Eigenschaften von EDV-Anlagen[4] erlauben es aber nicht, auch nur die in diesem Zusammenhang wichtigsten Fragen gründlich zu besprechen. Eine fundierte Behandlung der zukünftigen Anwendungsmöglichkeiten der Elektronik in Bibliotheken kann sinnvoll eigentlich nur so geschehen, daß in den Mittelpunkt der Betrachtung das Betriebsmittel EDV-Anlage gestellt und dessen Auswirkungen auf die einzelnen Aufgabenbereiche untersucht wird. Das aber wäre Gegenstand einer eigenen Arbeit.

---

1) Der Begriff "Informationsgehalt" ist hier (selbstverständlich) nicht im Sinne der Kommunikationswissenschaft zu verstehen, wie z.B. in: Cherry, C. On Human Communication, deutsche Übersetzung: Kommunikationsforschung - eine neue Wissenschaft, Hamburg 1963, S. 365.

2) Vgl. Report of the 1st Session of the ICSU-Unesco Central Committee to study the feasibility of a World Science Information System, a.a.O.

3) Vgl. dazu die Fußnote auf S. der Arbeit, sowie z.B. Proceedings of the 1963 ... Clinic of library applications of data processing, Graduate School of Library Science, University of Illinois, 1963/64/65/66.; Automation in the Library. When, where and how, Prudue University Libraries, Lafayette (Indiana), 1965; Automation in Libraries. Redstone Scientific Information Center, Redstone Arsenal (Alabama) 1967; Dürr, H.G., DOKAUS - ein Organisationskonzept für Dokumentations- und Auskunftssysteme mit elektronischen Verarbeitungsanlagen, in: IBM Nachrichten 19 (1969), 194, S. 586 f.

4) Vgl. dazu Punkt 5.2 dieser Arbeit "Die Bedingung der Integration", S.36.

(3) Die starke benutzerseitige Orientierung der grundlegenden Aufgabenkreise (vgl. dazu Seite 15 der Arbeit) läßt es angebracht erscheinen, Überlegungen bezüglich einer Vorausschau der Entwicklung der Benutzerzahlen[1] anzuschließen: Hier bietet sich als Mittel zunächst eine Trendextrapolation der Besucherzahlen der vergangenen Jahre an. Für die HB speziell versprechen außerdem Bevölkerungsstatistiken (geburtenstarke Jahrgänge, zu erwartende Abiturientenzahlen, Wanderungsstatistiken) weitreichende Aufschlüsse zu vermitteln. Nach diesen Zahlen wird sich maßgeblich die Kapazität z.B. von Kopierdiensten, die Gestaltung der Öffnungszeiten und damit die Zahl der Aufsichts- und Beratungskräfte in Lese- und Katalogsälen, die Gestaltung der Orientierungshilfen, Form und Aufwand für Einführungshilfe (z.B. junger Semester), die Organisation des Ausleihvorganges usw. richten müssen.

7.12. Weitere Bedingungen richtiger Planziffern

Mellerowicz zählt in diesem Zusammenhang folgende Elemente auf[2]:

ausgebaute Buchhaltung
Selbstkostenrechnung
Statistik
Betriebsorganisation mit genauen
  Arbeitsablaufplänen und Zeitstudien

Es dürften in kaum einem der angesprochenen Bereiche befriedigende Verhältnisse anzutreffen sein. Über die Ablauforganisation, insbesondere bei der Abwicklung des Geschäftsganges, ist schon hinreichend berichtet worden[3]. Eine Selbstkostenrechnung existiert nur in Ausnahmefällen[4]. In den USA sind

1) Die jährliche Zuwachsrate für Hochschulbibliotheken wird mit 10 % im Mittel angegeben; vgl. Grunwald, W., a.a.O., S. 134.

2) Mellerowicz, K., a.a.O., S. 161.

3) Vgl. dazu Punkt 6. "Verfahren", S.41 dieser Arbeit.

4) Vgl. dazu Kortzfleisch, H.v., Rationalisierungsmöglichkeiten..., a.a.O., Abschnitt Kosten- und Leistungsrechnung, insbesondere den Kostenstellen_ und Kostenartenplan S. 82 f.

verschiedene Studien über Kosten angestellt worden, u.a. mit dem Ziel, einen Kostenrahmen für die Bibliothek zu entwickeln. Diese Studien sind aber nicht zu einem erfolgreichen Abschluß geführt worden[1].

In den zurückliegenden Ausführungen wurde versucht zu zeigen, welche Faktoren und Daten beachtet und welche Überlegungen angestellt werden müssen, um Planprämissen im Rahmen der (langfristigen) Zielplanung zu gewinnen. Mit der Bestimmung der Prämissen ist nun der Rahmen abgesteckt, innerhalb dessen "die alternativen Möglichkeiten zukünftiger betrieblicher Maßnahmen"[2] festgestellt werden können. Darüber im nächsten Punkt mehr.

7.2. Planungsmethoden

Eines werden Bibliotheken nie erreichen können, das ist die Bestimmung ihres "gewinnmaximalen Produktionsprogrammes"[3]. Aus diesem Grunde entfallen diejenigen Planungsmethoden, die die Berechnung des "Stück-Bruttogewinnes je Erzeugnisart"[3] zur Voraussetzung haben. Setzt man aber anstelle von "gewinnmaximal" den Ausdruck "nutzenmaximal", so lassen sich derzeit zumindest Näherungsverfahren angeben, um den Bereich der Unsicherheit bei der Planung einzugrenzen.

7.21. Planung alternativer Handlungsmöglichkeiten in der Form der Kosten-Nutzen-Analyse (cost-utility-analysis)

Die Kosten-Nutzen-Analyse (cost-utility-analysis) besteht in systematischem Untersuchen und Vergleichen alternativer Hand-

1) Man vergleiche dazu den Bericht von Prof. Pflug in: Mechanisierung..., a.a.O., S. 101 u. S. 135. Der Verfasser dieser Arbeit hat sich zur Klärung des Sachverhaltes an Prof. Pflug gewandt; dieser teilte ihm brieflich mit, daß die genannten Untersuchungen vorzeitig abgebrochen worden seien.

2) Mellerowicz, K., a.a.O., S. 163.

3) Gutenberg, E., a.a.O., S. 152.

lungsmöglichkeiten, welche dazu benutzt werden können, spezielle Ziele in zukünftigen Zeitperioden zu erreichen[1]. Dabei stehen grundsätzlich zwei Verfahren zur Auswahl:

(1) die Fixer-Nutzen-Näherung und

(2) die Fixer-Haushalt-Näherung.

zu (1): Fixer-Nutzen-Näherung
Vorgegeben ist ein gewisser Nutzen, welcher bei der Erreichung bestimmter gegebener Ziele verwirklicht werden kann. Nun wird versucht, jene Alternative oder jene Kombination von Alternativen zu bestimmen, welche es ermöglicht, den festgesetzten Nutzen am kostengünstigsten zu erreichen.

zu (2): Fixer-Haushalt-Näherung
Bei ihr ist ein bestimmtes Budget gegeben, das gewöhnlich eingesetzt wird, um gewisse festgelegte Ziele zu verwirklichen. Der Analytiker versucht nun, diejenigen Alternativen oder die Kombination von Alternativen zu bestimmen, welche unter dieser Voraussetzung den höchsten Nutzen zu erbringen vermögen. Beide Verfahren setzen voraus, daß Ziele vorgegeben sind und daß der zur Zielerreichung notwendige Aufwand festzustellen ist.

Die Verfahren unterscheiden sich darin, daß einmal die zu erreichende Nutzenhöhe, einmal das verfügbare Budget vorgegeben ist. Für die Bibliothek eignet sich die "Fixer-Haushalt-Näherung" aus folgenden Gründen besonders:

(1) Es entspricht der Regel, daß Bibliotheken ihren Haushalt zugeteilt bekommen, dieser also im Rahmen des hier betrachteten Zeitraumes als "gegeben" gelten kann[2].

(2) Die "Fixer-Haushalt-Näherung" verlangt nicht, daß ein bestimmtes Nutzenniveau, entsprechend der vorgegebenen Zie-

---

1) Vgl. Fisher, G.H., The Role of Cost-Utility Analysis in Program Budgeting, in: David Novick (Ed.), Program Budgeting, Program Analysis and the Federal Budget, Cambridge 1965, S. 66.

2) Vgl. dazu Fünfzehn Jahre Bibliotheksarbeit der DFG, a.a.O., Abschnitt "Etatmodelle für Wissenschaftliche Bibliotheken", S. 78 ff., insbesondere S. 91 f.

le, angegeben werden kann, sondern nur, daß eine relative Nutzenabwägung verschiedener Alternativen oder Kombinationen von Alternativen möglich ist.

Verschiedentlich wird zwar die Ansicht vertreten, daß der Nutzen einer Bibliothek "schlechthin" nicht meßbar sei; die Erfahrungen der operations research haben aber gezeigt, daß ein "schlechthin" doch in hohem Maße von der angewandten Untersuchungsmethode abhängig sein kann. Für diese Untersuchung jedenfalls genügt es, die Existenz eines ordinalen Nutzenmaßes vorauszusetzen. Daß diese Annahme sinnvoll ist, wird sich im folgenden Punkt "Bewertung der Alternativen" (8.3.) noch erweisen.

Man hat also im Verlaufe der Analyse, um auf die Vorgehensweise nach der "Fixer-Haushalt-Näherung" zurückzukommen, letztlich über Präferenzen zu entscheiden. Zu den dazu regelmäßig empfohlenen Schritten[1)]

Problemformulierung
Auffinden von Alternativen
Sammeln von Daten
Modellbau
Schätzung der Kosten
Bewertung der Alternativen

sei bis auf die Frage der Bewertung der Alternativen auf die einschlägige Literatur verwiesen[2)].

7.3. Bewertung der Alternativen als Kern der Kosten-Nutzen-Analyse

(1) Voraussetzung einer Bewertung von Alternativen ist die

1) Vgl. Quade, E.S., Analysis for military decisions, the Rand lectures on systems analysis, Chicago, Amsterdam 1964, S. 153 ff.

2) Vgl. dazu Fisher, G.H., a.a.O., S. 61 ff.; Churchman, C.W.-Ackoff, R.L.-Arnoff, E.L., Operations Research. Eine Einführung in die Unternehmensforschung, Deutsche Übersetzung, 3.Aufl., Wien 1966, S. 105 ff.; zum Problem der Kriterienwahl insbesondere: McKean, R.N., Criteria, in: Analysis for military decisions, the Rand lectures on systems analyses, Quade, E.S., Chicago, Amsterdam 1964, S.83.; Quade, E.S., ebenda; Reuter, J., Zur Forschungspolitischen Konzeption der Bundesregierung, in: Schmollers Jahrbuch für Wirtschafts- und Sozialwissenschaften, 88(1968),1,S.68 ff., sowie die dort angegebene Literatur.

Existenz von Kriterien, nach denen bewertet werden kann. Welche ggf. in Betracht kommen, dazu sei auf die Überlegungen im Punkt8.1.verwiesen. Bei der Zusammenstellung von Kriterien für eine bestimmte Entscheidungssituation sollen folgende Fragen berücksichtigt werden[1]:

(1)"Ist die Liste der Kriterien in sich widerspruchsfrei?"

(2)"Gibt es Kriterien, die von anderen in jeder Hinsicht dominiert werden? Die dominierten Kriterien können gestrichen werden."

(3)"Treten Kriterien auf, die in bestimmten Situationen mit anderen kollidieren können? Wenn ja, welchen Kriterien soll der Vorrang eingeräumt werden?"

(4) "Welche Kriterien basieren auf reinen Kostengewichtspunkten" (z.B. benutzerseitig: Welche Leistungen sind vom Benutzer kostengerecht zu bezahlen?; und bibliotheksseitig: Orientierung an vorhandenen Betriebsmitteln und am vorhandenen Eignungspotential des Bibliothekspersonals), "und welche sind auf den 'Ertrag' ausgerichtet" (z.B. benutzerseitig: Verkürzung der Bedienzeit, Verbesserung der Literaturerschließung...; und bibliotheksseitig: Entlastung des Bibliothekspersonals...)?

Es ist weiter zu entscheiden, "ob die Projekte sowohl im Hinblick auf ihren Nutzen als auch bezüglich der Kostenverursachung voneinander völlig unabhängig sind. Folgende Arten der Abhängigkeit sind denkbar:

(a) Konkurrierende Projekte: Zwei oder mehrere Projekte können nur alternativ in Angriff genommen werden (z.B. wegen Engpässen in der Forschungskapazität oder weil sie auf dasselbe Ziel gerichtet sind und sich gleichzeitig durch hinreichende Erfolgswahrscheinlichkeit auszeichnen). Die Entscheidung zwischen diesen Projekten muß vorweg erfolgen.

(b) Komplementäre Projekte: Hierunter verstehen wir Projekte, die ihre gegenseitige Erfolgswahrscheinlichkeit beeinflussen. Wird der Erfolg eines Projektes durch die Inangriffnahme eines anderen Projektes wahrscheinlicher, so sollte geprüft werden, ob diese beiden Projekte nicht zusammengefaßt und im folgenden als ein Projekt behandelt werden können. Diese Entscheidung richtet sich nach der Intensität der gegenseitigen Beeinflussung der Erfolgswahrscheinlichkeiten."

Zur Prioritätsentscheidung selbst sei folgendes Verfahren vorgeschlagen:

(1) Relative Gewichtung der Kriterien[2]:

1. Man reiht die Kriterien nach ihrer Wichtigkeit. K_1 sei

---

1) Die Zitate im folgenden Abschnitt beziehen sich auf Reuter, J., a.a.O., S. 69.

2) Zu den Punkten 1. bis 5. vgl. das bei Churchman, a.a.O.,

das als am wichtigsten befundene Kriterium, K_2 das nächstwichtigste, ..., K_n das am wenigsten wichtigste.

2. Man ordnet dem am höchsten bewerteten Kriterium provisorisch den Wert 1 zu; den anderen Kriterien ordnet man Werte zu, die zunächst ihre relativen Werte zum Ausdruck zu bringen scheinen. So zum Beispiel kann der Bewertende die Kriterien K_1, K_2, K_3, K_4 mit 1,00, 0,80, 0,50 bzw. 0,30 bewerten. Man bezeichnet diese provisorischen Werte mit v'_1, v'_2, v'_3 bzw. v'_4. Diese Werte sind als erste Näherung für die "wahren" Werte V_1, V_2, V_3 und V_4 zu betrachten.

3. Nun stellt man folgenden Vergleich an:

K_1 vergleichen mit (K_2 und K_3 und K_4)

das heißt: Wenn der Bewertende die Wahl zwischen K_1 und der Kombination von K_2,K_3 und K_4 hätte, wie würde er wählen? Angenommen, er findet, daß K_1 vorzuziehen ist. Dann sollte der Wert von v'_1 so bereinigt werden, daß

$$v'_1 > v'_2 + v'_3 + v'_4$$

So zum Beispiel: $v'_1 = 2{,}00$, $v'_2 = 0{,}80$, $v'_3 = 0{,}50$ und $v'_4 = 0{,}30$.

Man beachte, daß die Werte von K_2, K_3 und K_4 beibehalten wurden.

4. Nun wird K_2 mit K_3 und K_4 verglichen. Angenommen, K_3 und K_4 wird vorgezogen. Dann ist eine weitere Bereinigung der Werte notwendig. So zum Beispiel: $v'_1 = 2{,}00$, $v'_2 = 0{,}70$, $v'_3 = 0{,}50$ und $v'_4 = 0{,}30$.

Jetzt steht jeder Wert mit allen Bewertungen im Einklang.

5. Nach Beendigung der Bewertung der Kriterien K_1, ..., K_n sind diese Werte zu normieren, indem man sie durch $\sum v_i'$ - in diesem Fall 3,50 - dividiert. Diese normierten Werte werden

zu S. 61,2) S. 134 f. angegebene Verfahren. Vgl. insbesondere den mit "Voraussetzungen" überschriebenen Abschnitt auf S. 135; man beachte, daß die wichtigsten dieser Voraussetzungen auf Seite 61 dieser Arbeit einbezogen worden sind.

mit V_i bezeichnet.

$V_1 = 2{,}00/3{,}50 = 0{,}57$
$V_2 = 0{,}70/3{,}50 = 0{,}20$
$V_3 = 0{,}50/3{,}50 = 0{,}14$
$V_4 = 0{,}30/3{,}50 = 0{,}09$

Zur Vereinfachung sei folgende Bezeichnung eingeführt:

$$\begin{bmatrix} V_1 \\ V_2 \\ V_3 \\ V_4 \\ \cdot \\ \cdot \\ \cdot \\ V_i \\ \cdot \\ \cdot \\ \cdot \\ V_n \end{bmatrix} = \overline{V}_{(n)}$$

(2) In dem nächsten Schritt soll ein Maßstab dafür gewonnen werden, wie aussagefähig die eben erarbeiteten Kriterien bezüglich jeder einzelnen vorliegenden Alternative oder Kombination von Alternativen ist. Dazu kann genau das gleiche, eben beschriebene Verfahren Verwendung finden:

1. Zusammenstellung aller Alternativen oder Kombinationen derselben: $A_1, A_2, \ldots, A_m$.
2. Untersuchung darüber, welche Kriterien bei welchen Alternativen aussagen: Man bediene sich z.B. folgender Anordnung:

Kriterien \ Alternativen	A_1	A_2	A_3	A_4 A_5 ... A_m
K_1	0			
K_2	1			
K_3	0,5			
K_4				
K_5				
.				
.				
.				
K_n				

und gewichte wie folgt, z.B.:

Alternative A_1 wird von dem Kriterium K_1 nicht beeinflußt = 0
" " " " " " K_2 " = 1
" " " " " " K_3 leicht " = 0,5
usw.

Zur Verfeinerung des Maßstabes bediene man sich der oben (unter (1) 3.-5.) gezeigten Mittel. Die so ermittelten relativen Wertziffern werden in Analogie zu (1) mit w'_j bzw. w_j (normiert) benannt.

Analog zu $\bar{V}_{(n)}$ gilt nun

$$\begin{bmatrix} W_{11} \cdots W_{1m} \\ \vdots \\ W_{n1} \cdots W_{nm} \end{bmatrix} = \bar{W}_{(n,m)}$$

Damit erhält man eine Matrix folgender Aussage: Die Zeilen bezeichnen die Alternativen, die Spalten die Kriterien; in den Feldern stehen die w_j, welche ein Maß für die Relevanz aller Kriterien bezüglich jeder Alternative (oder Alternativkombination) sind.

Multipliziert (Skalarprodukt) man nun die v_i mit den entsprechenden w_j, so sind die Summen (über K_n) dieser Produkte das gesuchte ordinale Nutzenmaß der verschiedenen Alternativen bzw. Alternativkombinationen:

$$\bar{V}_{(n)} \cdot \bar{W}_{(n,m)} = \begin{bmatrix} V_1 \cdot W_{11} & \cdots V_1 \cdot W_{1m} \\ \vdots & \\ V_n \cdot W_{n1} & \cdots V_n \cdot W_{nm} \end{bmatrix}$$

oder als Beispiel ausgeschrieben:

	V_i
K_1	$V_1 = 0,57$
K_2	$V_2 = 0,20$
K_3	$V_3 = 0,14$
K_4	$V_4 = 0,09$
K_n	V_n
	$\Sigma = 1,0$

	A_1	A_2	A_3	A_4	A_5	A_m
K_1	W_{11}	W_{21}	0,1	0,3	0,2	
K_2	W_{12}	W_{22}	0,5	0,4	0,5	
K_3	W_{13}		0,2	0,0	0,1	
K_4	W_{14}		0,2	0,3	0,2	
K_n	W_{1n}					W_{nm}
	$\Sigma = 1$		1,0	1,0	1,0	

=

	A_1	A_2	A_3	A_4	A_5	A_i ·	..A_m	
K_1	$V_1 \cdot W_{11}$	$V_1 \cdot W_{21}$	0,57	0,71	0,57			$\sum_1^n V_1 \cdot W_{1m}$
K_2	$V_2 \cdot W_{12}$	$V_2 \cdot W_{22}$	1,00	0,8	1,0			$\sum_1^n V_2 \cdot W_{2m}$
K_3			0,28		0,14			
K_4			0,18	0,27	0,18			
K_5								
K_i								
K_n	$V_n \cdot W_{n1}$						$V_n \cdot W_{nm}$	$\sum_1^m V_n \cdot W_{nm}$
Ergebniszeile $\sum$	U_1	U_2	U_3 2,03	U_4 2,78	U_5 1,89		U_m	

Das Ergebnis ist wie folgt zu interpretieren:

Ist z.B. $U_c = U_f$, so gelten die beiden Alternativen A_c und A_f als im gleichen Maße nutzenstiftend.

Ist z.B. $U_c > U_f$, so gilt die Alternative A_c als nutzenbringender als A_f. Eine Aussage allerdings, A_c sei um x % nutzenbringender als A_f ist voraussetzungsgemäß (ordinales Maß) nicht statthaft.

7.4. Weiterführende Überlegungen (Sensitivitätsanalyse[1])

Über die Bedeutung der Spaltenvektoren in der Entscheidungsmatrix sei folgendes angemerkt: Die v_n bilden einen Maßstab für die relative Gewichtung der Kriterien untereinander. Die w_{nm} bezeichnen die "Empfindsamkeit" der einzelnen Kriterien in bezug auf jede Alternative A_m.

Der Vektor, gebildet aus den Produkten $V_n \cdot W_{nl}$ (l = 1...m),

1) Zum Begriff der sensitivity analysis vgl. Fisher, G.H., a.a.O., S. 73. Vgl. dort auch die anderen Methoden zur Behandlung von Unsicherheit (contingency analysis and a fortiori analysis) S. 74.

scheint geeignet zu sein für eine "Sensitivitätsanalyse". Er gibt nämlich Auskunft über das Gewicht eines Kriteriums in bezug auf eine bestimmte Alternative. Man kann nun, um den Bereich der Unsicherheit weiter einzugrenzen, abschätzen, wie sich der Nutzen-Rangplatz einer Alternative in der Gesamtbewertung verändern würde in Abhängigkeit von einer Neubewertung eines bestimmten Kriteriums. Mit anderen Worten ist nun ersichtlich, welches Kriterium bei einer evt. Veränderung der Kriterien-Bewertungsskala den größten Einfluß hätte und welchem Kriterium damit in der sich anschließenden Ausführungsplanung die größte Aufmerksamkeit gewidmet werden müßte.

8. Betriebsorganisation

8.1. Begriff der Organisation

In Anlehnung an Gutenberg soll hier unter Organisation "diejenige Apparatur verstanden werden, die die Aufgabe hat, eine durch Planung vorgegebene Ordnung im Betriebe zu realisieren"[1], In Wahrnehmung dieser ihrer Aufgabe stellt die Organisation "die Beziehung zwischen den betrieblichen Vorgängen und Tätigkeiten" (z.B. Einkaufen, Katalogisieren, Bücher transportieren, Bücher ausleihen) her und bildet aus ihnen eine "produktive Einheit"[2]. Die Gestaltung dieser Beziehung bedarf einer Form, die (u.a.) die "Anordnungs- und Weisungsrechte" der mit "der Leitung und Lenkung von Betrieben betrauten Personen und die sie unterstützenden Organe"[3] regelt.

Das Hauptanliegen dieses Punktes ist es also, Wege zur optimalen Gestaltung dieser Form zu weisen. Dabei soll folgendermaßen vorgegangen werden:

Zunächst wird ein Modell einer Hochschulbibliothek (= Summe aller Buchbestände einer Hochschule) entworfen werden, das auf folgenden Prämissen fußt:

(1) Die Leistung der HB ist so nahe wie möglich an den Benutzer heranzubringen.

(2) Die Leistung ist so ökonomisch wie möglich zu erbringen.

Diese oder aus ihnen abgeleitete Prämissen sollen als Entscheidungskriterien[4] dienen, um eine Gliederung der Aufgabenkreise so durchzuführen, daß der Gesamtnutzen der HB

---

1) Gutenberg, E., a.a.O., S. 234.

2) Ebenda, S. 235.

3) Ebenda.

4) Acker gibt auf S. 208 ff. seiner Dissertation (a.a.O.) Kriterien bezüglich des Zentralisationsproblems an, die aus Gründen ihrer Operationalität in den folgenden Überlegungen herangezogen werden könnten.

maximiert wird. In einem zweiten Schritt gilt es den Kommunikationsprozeß[1] im weitesten Sinne (bzw. den organisatorischen Verkehrsweg) so zu formen, daß ein Höchstmaß von Nutzen erreicht werden kann; auch zu diesem Prozeß bedarf es rationaler Entscheidungskriterien.

Bei dem weiter unten behandelten Modell ist nun zu beachten: Es entspricht nicht den eben erhobenen Forderungen, denn es ist nicht konsequent aus rationalen Entscheidungskriterien entwickelt worden. Vielmehr wurde aus der Fülle der im Schrifttum diskutierten Vorschläge diejenigen ausgewählt, die am ehesten den Forderungen zu entsprechen scheinen. Der Selektionsvorgang selbst erfolgte vorwiegend intuitiv. Diese Vorgehensweise ist zutiefst unbefriedigend; es war jedoch zeitlich nicht möglich, im Rahmen dieser Arbeit 1. einen vollständigen Katalog von Kriterien zu finden und 2. danach ein Modell zu entwickeln. Es sollten aber diese Schritte einmal z.B. anhand der Methoden einer Kost-Nutzen-Analyse (vgl. Punkt 7) vollzogen werden, um die immer noch nicht abgeschlossene Diskussion um das Verhältnis von ZHB zu den Institutsbibliotheken einer rationalen Lösung zuzuführen.

Als Leitfaden der weiteren Untersuchung bedienen wir uns der Fragestellung: Zentralisation oder Dezentralisation?

8.2. Zentralisation - Dezentralisation: Exkurs über das Verhältnis der zentralen Hochschulbibliothek zu den Institutsbibliotheken

Der "Antagonismus"[2] zwischen der ZHB einerseits und den IBB

1) Gutenberg, E., a.a.O., S. 266.

2) Pflug, G., Das Verhältnis der Universitätsbibliothek zu den Institutsbibliotheken an den neugegründeten Universitäten, in: Mitt.Bl.Bibl. 17 (1967), S. 143.

andererseits erreicht bald das respektierliche Alter von hundert Jahren[1]. Doch ist zu hoffen, daß er im Grunde als überwunden betrachtet werden darf, wie die Neubestimmung des Verhältnisses von IBB zu ihrer ZHB in Strukturentwürfen von Hochschulneugründungen vermuten läßt[2]. Es sei deshalb, was die Wesensmerkmale der bisherigen Regelung betrifft, auf die erschöpfende Darstellung von K.S. Wallach[3] sowie auf die ergänzende Literatur jüngeren Datums[4] verwiesen.

Im folgenden aber soll das unter Punkt 3.1. (S. 20) als "koordinierte Dezentralisation" bezeichnete Modell weiter ausgebaut werden.

8.3. Das Zentralisationsproblem

8.31. Komponenten des Begriffes Zentralisation

Über das Wesen der Zentralisation herrschen in der Organisa-

---

1) Vgl. Krueger, J., Zu den Beziehungen der Universitätsbibliothek und den Institutsbibliotheken zur Zeit Althoffs, in: ZfB 81 (1967), 9, S. 514.

2) Haenisch, W., a.a.O., S. 311 ff.; Strukturentwurf für Bielefeld (G. Pflug), in: Mitt.Bl.Bibl. 17 (1967), S. 151 ff.; Empfehlungen des Beratungsausschusses für die Gründung einer neuen Universität zu Bremen, Bremen 1963, S. 33 f.; Empfehlungen zum Aufbau einer Universität in Dortmund, a.a.O., S. 46 f.; Die Universität Regensburg. Struktur und Aufbau, hrsg. vom Bayerischen Staatsministerium für Unterricht und Kultus, Regensburg, o.J., S. 41 ff.; Mikat, P., Schelsky, H., Grundzüge einer neuen Universität, Gütersloh 1966, S. 64 f.

3) Wallach, K.S., Kooperation, Koordination oder Zentralisation. Arbeiten aus dem Bibliothekar Lehrinstitut des Landes Nordrhein-Westfalen, Heft 27, Köln 1965.

4) Kortzfleisch, H.v., Rationalisierungsreserven, a.a.O., S. 332 - 335; Braun, H., a.a.O., S. 339; Pauer, M., a.a.O., S. 289; Grundzüge eines einheitlichen Bibliothekssystems, a.a.O., S. 140 f.; Schmoll, G., Zur Funktion der Bibliotheken in der Informationsarbeit, in: ZIID 12 (1965), 2, S. 50; Wallach, K.S., Koordinierung zwischen Universitätsbibliothek und Institutsbibliotheken, in: Mitt.Bl.Bibl. 16 (1966), 3, S. 129 - 138; Vorberg, H., und Wallach, K.S., Zur Koordinierung der Beschaffung von Monographien im Bereich der Universitäten, in: Mitt.Bl.Bibl. 17 (1967), S. 264 ff.; Grundwald, W., a.a.O., S. 132 und S. 137 - 141.

tionstheorie die verschiedensten Ansichten[1]. "Gemeinsames Merkmal dieser ... Auffassungen ist der Gedanke, daß Zentralisation ein Zusammenfassen von Teiltätigkeiten bedeutet."[2] Dieses Zusammenfassen kann man sich aus zwei "Komponenten" zusammengesetzt denken:

(1) die räumliche Komponente und

(2) die Komponente der Zusammenfassung von Aufgaben gleichen Inhalts[3] (d.h. "eine echte Zusammenführung von Teilaufgaben"[4]).

Nach Altfelder besteht nun die Problematik der Zentralisation darin, "die Einheitlichkeit und Straffheit der Führung zu verwirklichen, ohne die Betriebsorganisation starr und unelastisch werden zu lassen"[5]. Als Lösungsbedingungen werden von ihm angegeben[6]:

(1) Die in den einzelnen Teilen des Betriebes bestehenden Verhältnisse dürfen nicht völlig voneinander abweichen.

(2) Der Inhalt der betrieblichen Grundaufgaben muß weitgehend unveränderlich sein.

(3) Die für Zielaufstellung und Entscheidung erforderlichen Daten müssen schnell und sicher in die Zentrale gelangen können.

(4) Die erforderlichen Entscheidungen dürfen nicht unter zu starkem Zeitdruck stehen.

(5) Die Kapazität der Zentrale muß zur zügigen Erledigung aller Angelegenheiten ausreichen.

8.32. Problematik und Lösungsbedingungen der Dezentralisation

"Die Dezentralisation bildet das Gegengewicht zur Aufgaben-

---

1) Vgl. dazu Altfelder, K., Stabsstellen und Zentralabteilungen als Formen der Organisation der Führung, Dissertation Berlin TU, 1965, S. 32 f.

2) Ebenda, S. 33.

3) Vgl. ebenda, S. 34.

4) Vgl. ebenda, S. 35.

5) Vgl. ebenda, S. 37.

6) Vgl. ebenda, S. 38.

zusammenfassung."[1] Eine dezentralisierte Organisation ist sehr elastisch und anpassungsfähig,und ihre Problematik besteht darin, bei Wahrnehmung ihrer Vorteile zu vermeiden, "daß die Führung uneinheitlich wird und das Unternehmen der Führung aus der Hand gleitet"[2].

Wenn vollständige Dezentralisation Anwendung finden soll, müssen folgende Bedingungen erfüllt sein:

(1) Die für Zielaufstellung und Entscheidung benötigten Daten müssen der unteren Führungsebene zur Verfügung stehen.

(2) Die Funktionsträger der unteren Führungsebene müssen für Führungsteilaufgaben, insbesondere für Zielaufstellung und Entscheidung qualifiziert sein.

(3) Eine persönliche Überwachung untergeordneter Führungsfunktionsträger muß weitgehend entbehrlich sein.

(4) Die Abstimmung der einzelnen Unternehmensteile aufeinander muß von untergeordneter Bedeutung sein.

8.33. Zentralisation und Dezentralisation als Gesamtproblem

Ein erster Überblick über die angegebenen Lösungsbedingungen zeigt, daß weder vollkommene Zentralisation noch Dezentralisation im Bereich der HB in Frage kommt. Vielmehr gilt es dasjenige Verhältnis von Zentralisation zu Dezentralisation zu finden, innerhalb dessen eine optimale Betriebsstruktur erreicht werden kann[3]. Dieses "Gleichgewicht"[4] (Altfelder) zwischen Zentralisation und Dezentralisation kann in mehrere Teilgleichgewichte zerlegt werden[5]:

1. Gleichgewicht zwischen betrieblichen Grundaufgaben (grundlegende Aufgabenkreise)
2. Gleichgewicht zwischen Führungsaufgaben

1) Altfelder, K., ebenda, S. 38.

2) Ebenda, S. 39.

3) Vgl. dazu auch Mellerowicz, K., a.a.O., Bd. I, 12.Aufl. (1964), S. 213, und Gutenberg, E., a.a.O., S. 257.

4) Vgl. dazu auch Acker, B., a.a.O., S. 208 ff.

5) Altfelder, K., ebenda, S. 41.

3. Gleichgewicht zwischen betrieblichen Grundaufgaben und Führungsaufgaben

Bei dieser Zerlegung ist aber zu beachten: Der "Service-Gedanke",(nämlich die Bibliotheksdienste so nahe an den Benutzer heranzubringen wie nur möglich) und das Wirtschaftlichkeitsprinzip werden begrenzt durch folgende Bedingung[1]: Unsicherheit, Transparenz der Zukunft und Dynamik als absolute Grenzen einerseits und die Verschiedenartigkeit der Tätigkeiten als praktische Grenze andererseits können selbst dann, wenn nach den obigen Kriterien zugunsten einer Zentralisation zu entscheiden wäre, Dezentralisation angeraten erscheinen lassen.

Doch nun zu den Teilgleichgewichten im einzelnen:

zu 1. Gleichgewicht zwischen den grundlegenden Aufgabenkreisen

(a) Beschaffen von Information:
Die Ermittlung des Bedarfes, insbesondere der der Forschung, erfolgt dezentral, das Beschaffen selbst, bis auf dringende Fälle aber dezentral, und zwar aus Gründen der Marktübersicht, der Verhandlungsposition, der Kontrolle usw, es sei denn, man verfügt über einen computer, der es den dezentralen Abteilungen ermöglicht, mittels Konsolen ihre Bestellung unmittelbar über die Zentraleinheit zu bewerkstelligen. Desgleichen erscheint es angebracht, gewisse Tätigkeiten des Geschäftsganges wie Inventarisieren, Titel aufnehmen usw. zu zentralisieren. Dezentral erfolgt die Aufstellung der "aktuellen" forschungsorientierten Literatur, indessen ältere Forschungsliteratur sowie Lexika, Enzyklopädien, Nachschlagewerke usw., Lehrbuchsammlungen zweckmäßigerweise in der ZHB. Obligatorisch ist auf jeden Fall die zentrale Nachweismöglichkeit der beschafften Informationsträger.

1) Nach Acker, B., a.a.O., S. 209 - 211.

(b) Die Informationsaufbereitung hat ihr Schwergewicht in den Abteilungen, und zwar in der Wahrnehmung von Sachkatalogisierung, Auswertung von Zeitschriftenaufsätzen, Nachweis bibliographisch unselbständiger Literatur usw.

Einen zentralen Standort verlangt die Aufstellung und Pflege des bibliographischen Apparates in seiner Gesamtheit, insbesondere aber von Dokumentationskarteien überregionaler Dienste, Referatenorgane, abstracts und andere Erzeugnisse der Dokumentation.

(c) Literaturberatung, Herausgabe eines Informationsblattes, spezielle Informationssysteme usw. werden vorwiegend dezentral wahrgenommen. Wie allerdings Systeme wie z.B. "TIP"[1] zu organisieren wären, kann nur auf den Einzelfall bezogen beantwortet werden.

zu 2. Gleichgewicht zwischen Führungsaufgaben

Altfelder[2] gliedert die Führungsaufgaben wie folgt:

1. Innenaufgaben
   - Ziel-Aufstellung
   - Daten-Zusammenstellung
   - Entscheidung
   - Anleitung
   - Koordinierung
   - Beurteilung (Kontrolle)
2. Außenaufgaben
   - Verträge-Schließen
   - Repräsentation

Über die Möglichkeit zur Herstellung eines Gleichgewichtes zwischen diesen Führungsaufgaben schreibt Altfelder weiter[3]: "So kann im allgemeinen eine Dezentralisation von Zielaufstellung und Entscheidung durch Zentralisation der Beurteilungsaufgabe ausgeglichen werden. Wenn in hinreichendem Ausmaß

---

1) Vgl. Kessler, M.M., The MIT Technical Information Project (TIP), a.a.O.

2) Altfelder, K., a.a.O., S. 19.

3) Ebenda, S. 42.

zahlenmäßige Daten zur Verfügung stehen, kann auch die Zentralisierung der Kontrollaufgabe allein genügen, um die Dezentralisierung von Zielaufstellung und Entscheidung auszugleichen. Ergänzend kann im letzteren Fall eine zentralisierte Planung eingerichtet werden."

zu 3. Gleichgewicht zwischen betrieblichen Grundaufgaben und Führungsaufgaben

"Größte Bedeutung für das Gleichgewicht innerhalb der Gesamtstruktur hat das Teilgleichgewicht zwischen betrieblichen Grundaufgaben und Führungsaufgaben."[1]

Für die bereits andeutungsweise erkennbare Struktur des HB-Modelles sei, dargestellt an Beispielen, folgende Lösung vorgeschlagen, die gleichzeitig das Verhältnis von zentralisierten zu dezentralisierten Führungsaufgaben festlegt:
Ziele der Beschaffungspolitik werden zentral, d.h. für alle Strukturelemente verbindlich festgelegt. Die Zusammenstellung relevanter Daten für die Beschaffung und die Entscheidung darüber, was im einzelnen beschafft werden soll, obliegt den Abteilungen. Kontrolle und Beurteilung der tatsächlich durchgeführten Beschaffungspolitik ist dafür der Zentralinstanz aufgegeben.

Für alle Aufgabenbereiche, die ja vorwiegend dezentralisiert sind, gilt, daß aus Gründen der Einheitlichkeit und der Funktionsfähigkeit Anleitung und Koordinierung nur durch die Zentrale erfolgen können. (Man denke an folgende Möglichkeiten: Einführung bzw. Anlernen neuer Kräfte im Bibliothekssystem; oder: Regelung des Personaleinsatzes in Krankheits- und Urlaubsfällen.)

Die Aufteilung von grundlegenden Aufgabenkreisen und Führungsaufgaben auf zentrale und dezentrale Strukturteile, wie sie

1) Ebenda.

hier getroffen wurde, läßt aber noch die Frage der Verbindung dieser Teile untereinander offen. Dazu sei auf den folgenden Punkt verwiesen.

8.4. Zentralisation - Dezentralisation: Optimale Gestaltung des Kommunikationsprozesses

"Hierarchische und kooperative Lenkungs- und Steuerungssysteme sind Teile eines großen Kommunikationsprozesses..." "In diesem Prozeß sind Information und Entscheidung zu einer Einheit verbunden."[1)]

Die "klassische" Organisationslehre hat verschiedene hierarchische Lenkungs- und Steuerungssysteme entwickelt, die seit ihrem Entstehen (Taylor, Fayol) nur in ihrer Bedeutung untergeordnete Verfeinerungen erfahren haben[2)].

Für den weiteren Gang unserer Untersuchung sind diese Denkmodelle unbrauchbar, da sie keine operationalen Entscheidungskriterien liefern, um von der von uns gezeichneten Form der organisatorischen Gliederung auf die dieser Form adäquate Art des organisatorischen Verkehrs[3)] zu schließen[4)].

Hoffnungsvoller erscheinen die Ansätze der "modernen Organisationstheorie" (richtiger müßte es "Organisationstheorien" heißen, da ein einheitliches theoretisches Gebäude noch nicht in Sicht ist) zu sein: Sie versucht, "die Arteh der Interdependenz zwischen den einzelnen Teilen eines organisatorischen Systems und die vorhandenen oder möglichen Formen der Koordination zwischen ihnen ersichtlich zu machen". "Eine derartige

---

1) Gutenberg, E., a.a.O., S. 266.

2) Vgl. dazu Hartmann, B., Betriebswirtschaftliches Hauptseminar, Technische Universität Berlin, Sitzung vom 7.12.1967.

3) Zum Begriff des organisatorischen Verkehrs vgl. Acker, B., a.a.O., S. 136.

4) Zur Kritik an der "klassischen" Organisationslehre vgl. Bössmann, E., Die ökonomische Analyse von Kommunikationsbeziehungen in Organisationen, Berlin 1967, S. 39 ff., insbesondere aber Acker, B., a.a.O., S. 180 und Zusammenfassung S. 243.

Theorie schließt die Beantwortung der Frage ein, wie Organisationsrahmen und Entscheidungsprozeß einander unter ökonomischen Aspekten sinnvoll angepaßt werden können."[1]
Und ferner: "Wir glauben, daß sich mit diesen Überlegungen auch die explizite oder implizite immer wieder gestellte Frage nach der 'optimalen' Organisations- oder auch Kommunikationsstruktur erledigt: Im Rahmen eines Modells, in dem die für das Organisationsziel wesentlichen Beziehungen zwischen den einzelnen Organisationsmitgliedern überhaupt hinreichend berücksichtigt werden, muß es prinzipiell immer möglich sein, die in einem jeweils festzulegenden Sinn optimale Organisations- oder Kommunikationsstruktur (oder möglicherweise auch mehrere) zu ermitteln. Wie sie im einzelnen aussieht, kann natürlich nicht allgemein gesagt werden, das hängt von den Gegebenheiten des jeweiligen Falles sowie vom Optimalitätskriterium ab."[2]

In den Überlegungen zu Punkt 8.33. wurde versucht, die wesentlichen Strukturelemente eines Modelles zu skizzieren. Sicher ist es auch in diesem Fall möglich, ein "Optimalitätskriterium" zu formulieren, um die "optimale ... Kommunikationsstruktur" zu erreichen. Die große Frage ist nun: Wer bestimmt "das Optimalitätskriterium"? Der Akademische Senat? Der Bibliotheksdirektor? Die Studentenvertretung? Der Rechnungshof?

Unsere Überlegungen waren doch davon ausgegangen, daß seit vielen Jahrzehnten ZHB und IBB in unkoordiniertem Nebeneinander und im Gegeneinander dahinlebten[3]. Es ist ferner nicht zuviel behauptet, daß das Bestehen des unkoordinierten Nebeneinanders der beiden Bibliothekszweige nicht erschöpfend auf rationale Gründe zurückgeführt werden kann; ein irrationaler Rest, dessen Bedeutung anscheinend noch niemand öffentlich zu formulieren gewagt hat, bleibt. Wie also soll der Bereich des

1) Bössmann, E., a.a.O., S. 51.

2) Ebenda, S. 144 f.

3) Vgl. dazu Punkt 9.2.

Irrationalen und der der Unsicherheit eingegrenzt werden, wenn die Theorie von vornherein darauf verzichtet, wenn nicht Kriterien selbst, so doch zumindest Verfahren zu ihrer Findung anzugeben, die eine Entscheidung im Sinne größerer Rationalität (im Sinne einer Nutzenmaximierung aller Bibliotheksbenutzer, zu verstehen) ermöglicht?

So bleibt als Ergebnis festzuhalten, daß auch die modernen Organisationstheorien noch nicht das methodische Instrumentarium für die Lösung dieses Problems liefern, wie das z.B. im Falle der Arbeitswissenschaft in bezug auf die Gestaltung des Geschäftsganges möglich war. Aus diesem Grunde kann die Untersuchung an diesem Punkte nicht weitergeführt werden; dafür soll im nächsten Punkt, als Fallstudie, über den Stand der Zusammenarbeit zwischen den IBB und der ZHB an der Technischen Universität Berlin (TUB) referiert werden.

8.5. Über den Stand der Zusammenarbeit zwischen den IBB und der ZHB an der TUB

(1) An der TU finden sich neben der ZHB mehrere andere Bibliotheksorganismen, die sich im Grade ihrer Zusammenarbeit mit der ZHB unterscheiden.

(a) Für die Bereiche Architektur, Gartenbau, Landbau und Geowissenschaft sind Bibliotheken, als Außenstellen der ZHB konzipiert, eingerichtet worden. Unabhängig von ihnen werden weiterhin innerhalb der betreffenden Fakultäten in ihrer Gesamtheit aufwendige Lehrstuhlbibliotheken unterhalten. So hat es die Existenz der Bibliothek der Abteilung Architektur nicht verhindern können, daß in jüngster Vergangenheit eine erhebliche Bestandserweiterung parallel in den einzelnen Lehrstuhlbibliotheken bezüglich soziologischer Literatur erfolgt ist und zur Zeit noch erfolgt.

Damit will gesagt sein, daß zwar die Einrichtung dieser Abteilungsbibliothek an sich als recht begrüßenswert bezeichnet werden muß, schon der gesicherten Kooperation zwischen Abteilung und Zentrale wegen. Das oben erwähnte Beispiel beweist aber, daß durch die Einrichtung dieser Abteilungsbibliothek weder die Abstimmung der Lehrstühle untereinander verbessert noch eine Zusammenarbeit über die neue Bibliothek erreicht werden konnte. M.E. ist die Ursache für den unzureichenden Erfolg der Abteilung darin zu suchen, daß von seiten der Professoren nur überaus bescheidene Beiträge für die gemeinsam zu tragende Einrichtung zur Verfügung gestellt worden sind. Bislang auf jeden Fall treibt die Gesamtheit der TU in der Form der ZHB z.B. zugunsten der Abteilung Architektur einen Aufwand, der, trüge der Versuch nicht grundsätzliche Bedeutung für eine Neugestaltung des Verhältnisses von ZHB zu IBB, die erzielten spärlichen (kurzfristigen) positiven Ergebnisse nicht rechtfertigt. Es sei dabei nochmals darauf hingewiesen, daß die Verantwortung für diesen unbefriedigenden Zustand nicht der ZHB, sondern den Professoren der Fakultät für Architektur zukommt.

(b) Einen anderen Typus einer "Institutsbibliothek" stellt die

Bibliothek der Fakultät für Wirtschaftswissenschaften dar: Bezüglich ihrer Unabhängigkeit von der ZHB kann sie als "klassische" Institutsbibliothek bezeichnet werden. Allerdings ist ihr Haushalt so ausgestattet, daß qualifizierte Kräfte beschäftigt werden können, d.h. u.a. die aufgenommenen Titelkarten sind von der notwendigen bibliographischen Qualität, so daß der AK dieser Bibliothek mit dem der ZHB kompatibel ist. Da die zwischen Fakultät und Leitung der ZHB vereinbarten Regelungen im Sinne der Benutzer auch eine ausreichende Kooperation gewährleisten, ist zumindest von dieser Seite aus unter Anbetracht der sonst vorherrschenden Strukturen wenig gegen diesen Typus einzuwenden.

(c) Neben den beiden erwähnten "großen", dezentral gelegenen Strukturteilen (Abteilungs- und Fakultätsbibliotheken) fristen ungefähr 180 Instituts- und Lehrstuhlbibliotheken nach altväterlicher Weise ihr Hiersein. Darüber in den folgenden Punkten mehr.

(2) Formen der Zusammenarbeit im einzelnen:[1]

Ausgehend vom Interesse der Benutzer am Gesamtbestand der in der TU vorhandenen Bestände seien zwei Fälle unterschieden:

(a) Die von den Institutsbibliotheken beschafften Bücher werden über die Titelaufnahme der ZHB zugeleitet, oder die Institutsbibliotheken liefern anstatt der Bücher Titelkarten, die mit den Titelkarten der ZHB kompatibel sind. In beiden Fällen ist gewährleistet, daß das Buch im Zentralkatalog nachgewiesen wird und damit der TU-Öffentlichkeit zur Benutzung offensteht.

(b) Die Institutsbibliotheken liefern unzureichende Titelkarten Listen bzw. Rechnungen. (Bei den Rechnungen ist folgendes zu beachten: Grundsätzlich müssen alle Rechnungen über die ZHB geleitet werden. Es gibt aber Institute, die außer den Rechnungen keine weiteren Unterlagen zur Titelaufnahme in der ZHB liefern; diese Fälle sind hier gemeint.) Diese Unterlagen können nur durch zusätzlichen Arbeitsaufwand so aufbereitet wer-

1) Vgl. dazu Anlage, Tätigkeiten TI 2 bis TI 30.

den, daß eine brauchbare Titelaufnahme durchgeführt werden kann. Nach Auskunft der in der Titelaufnahme für Institutsbibliotheken angestellten Diplomkraft bereitet es erheblich mehr Mühe, eine mangelhaft verfaßte Titelkarte "katalogreif" zu machen als unter Vorlage des Originals den Titel gänzlich neu aufzunehmen. Die Folge ist: Unzureichendes Material wird "zunächst" einmal beiseite gelegt, um sich dringenderen (und befriedigenderen!) Arbeiten zuzuwenden. Daß diese Form der Zusammenarbeit überhaupt keinen Fortschritt gegenüber dem Fehlen jeglicher Übereinkommen bedeutet, beweist die Zahl der über 10.000 "Titelaufnahmen" auf Titelkarten, Anschaffungslisten bzw. Rechnungsduplikaten seitens der Institutsbibliotheken, die "zunächst" beiseite gelegt worden sind und nun einer Aufbereitung zu einem Sonderkatalog harren. Hält man sich die personellen und finanziellen Möglichkeiten der ZHB vor Augen und vergleicht dazu den außergewöhnlich großen Aufwand, der erforderlich wäre, diese Zahl von über 10.000 Titeln (die sich ja stetig vergrößert!) zu bearbeiten, dann liegt die Vermutung nahe, daß das "zunächst" soviel wie "ewig" bedeutet. Damit ist zumindest die Vollständigkeit des zentralen Institutskataloges in Frage gestellt. So gilt z.B. die Literatur für Psychologie, Soziologie und Anglistik als im Zentralkatalog zum Teil nicht nachgewiesen.

Zur genaueren Kennzeichnung des hier skizzierten Zustandes seien einige Zahlen beigefügt.

Aus der in der Titelaufnahme geführten Statistik lassen sich für das Jahr 1968 folgende Zahlen gewinnen:

	Institute	bearb. Titel	"gute" Titelaufn.	"mangelhafte" Titelaufn.
Bücher	103	17.149	17.149	
Titelkarten	10 (3+7)	7.473	4.900 (3 Instit.)	2.573
Rechnungen Listen	46	2.251	-	2.251
nicht nachgewiesen	14			
Summe	173	26.873	22.049	4.824

Durch IBB angeschaffte Monographien: 32.000 (grobe Schätzung)

Eine Auswertung ergibt:

(1) 59 % der Institutsbibliotheken gewährleisten, daß 68 % der Titel instruktionsgemäß erfaßt werden können.

(2) 15 % der Titel aus 30 % der IBB konnten bei dem derzeitigen Personalstand zusätzlich "katalogreif" aufbereitet werden.

(3) Nicht erfaßt werden konnten 20 % der 1968 teils von den unter (2) bezeichneten 30 %, teils von nicht nachgewiesenen durch die IBB angeschafften Monographien.

(4) Schwächen dieser Auswertung sind: Die Schätzung von 32.000 angeschafften Monographien ist mit hoher Unsicherheit belastet, es können auch 3.000 mehr gewesen sein. Manche IBB liefern sowohl Titelkarten als auch Bücher. Unter den Titelkarten einer IB finden sich brauchbare und nicht brauchbare. Sowohl die Aufteilung zwischen angelieferten Büchern, Titelkarten und Listen ein und derselben IB als auch die Qualität von Titelkarten bzw. Listen ist Schwankungen unterworfen. Die errechneten Beziehungszahlen sind demnach nicht geeignet, ein genaues Bild der Verhältnisse zu zeichnen.

(5) Weiterhin sei kritisch angemerkt: Die hier benutzten Zahlen werden erst seit 1968 in der Aufteilung: Bücher/Titelkarten/Listen und Rechnungen geführt. Bis zum Jahre 1968 gibt es nur eine Statistik der insgesamt bearbeiteten Titel. Es erscheint notwendig, folgende Zahlen zusätzlich zu erfassen:

   (1) Summe aller von den IBB jährlich beschafften Monographien;
   (2) Zahl der Titelkarten, die ohne zusätzliche Bearbeitung in den Katalog eingestellt werden können;
   (3) Zahl der eingestellten, aber zusätzlich aufbereiteten Titel, möglichst mit der Angabe der benötigten Mehrzeit verbunden;

(4) Zahl der eingegangenen, aber wegen gröberer Mängel nicht unmittelbar verwertbaren Titelkarten bzw. Titel auf Listen und Rechnungen.

(c) Zusammenfassend sei bemerkt:

Eine Regelung gemäß dem Beispiel der Bibliothek der Fakultät für Wirtschaftswissenschaften ist zum gegenwärtigen Zeitpunkt ausreichend. Bibliotheken nach dem Beispiel der Architekturfakultät bleiben fragwürdig, solange sie nur einen kleinen Teil des von der Fakultät insgesamt ausgegebenen Betrages für Literatur verwalten bzw. in seiner Verwendung im Sinne einer Koord ination beeinflussen können.

Für die Mehrzahl der kleineren Institutsbibliotheken gibt es nur eine nutzbringende Form der Zusammenarbeit mit der ZHB: Ihre Bücher werden in der Zentrale bibliographisch bearbeitet. Alle anderen Formen führen zu unvollständigen bzw. nicht instruktionsgemäßen Angaben und zu stoßweiser Anlieferung von über Jahre hinweg gesammelten Karten, Listen usw.

Weiter sei der These nochmals Ausdruck verliehen, daß eine Titelaufnahme anhand des zugehörigen Originalexemplares schneller zu bewerkstelligen ist und eine höhere Befriedigung für die Arbeitskraft bedeutet als unzureichende Titelkarten nachzuarbeiten.

Aus dieser Betrachtung ergibt sich folgende Konsequenz:

1. Die Verfügung des Akademischen Senates bezüglich des Aufbaues eines zentralen Institutskataloges ist für den Bereich der Monographien unzureichend.

2. Formen der Kooperation, wie sie die Fakultät für Wirtschaftswissenschaften und für Architektur (das gleiche gilt für die Abteilungen Landbau, Gartenbau und Geowissenschaft) entwickelt haben, entsprechen, mit Einschränkung, den legitimen Benutzungswünschen und dem Grundsatz der optimalen Ausnutzung der für Literaturbeschaffung zur Verfügung stehenden Gelder.

3. Als weitere Form der Kooperation kommt nur eine zentrale Titelaufnahme (für kleinere Institutsbibliotheken) in Fra-

ge. Durch Ablösung der bisher verstreuten, meist auch unqualifizierten Kräfte und Konzentration der dadurch freiwerdenden Mittel in der ZHB kann mit hoher Wahrscheinlichkeit die von den Institutsbibliotheken zu recht geforderte Schnelligkeit des Geschäftsganges erreicht werden.

Zur Verifizierung dieser These ist der Mehraufwand genau zu ermitteln, der zur Aufbereitung nicht instruktionsgemäßer Titelaufnahmen notwendig ist, und zu prüfen, welche Ersparnis für das Bibliothekssystem der TU insgesamt erzielt werden könnte (ganz abgesehen vom Nutzengewinn der Vervollständigung des Zentralkataloges) durch strikte Zentralisierung des Titeldienstes für die oben bezeichneten Bibliotheken.

(3) Abgesehen von der für die Gesamtheit der Benutzer ungünstigen Auswirkung auf den Literaturnachweis beim Einsatz nicht oder nicht ausreichend ausgebildeten Personals besteht noch ein anderes Problem: Krankheit und Urlaub zwingen, mangels Vertretung, zur Schließung von Bibliotheken. Diesem Mißstand kann ebenfalls nur abgeholfen werden, wenn die Möglichkeit eines zentralen Personaleinsatzes geschaffen wird.

Teil III: Kennzahlen und Betriebsvergleiche

(1) Von der Seite der Betriebswirtschaft her gesehen, besteht eines der großen Probleme der Bibliotheken darin, daß ihr Nutzen (noch) nicht quantitativ zu beschreiben ist; es gibt kein "gewinnmaximales Produktionsprogramm" und kein"optimales Finanzierungsprogramm"[1]. Dieser Umstand hat wohl mit dazu beigetragen, daß der Meßbarkeit des Nutzens von Bibliotheken überhaupt wenig Aufmerksamkeit geschenkt worden ist. Es erscheint aber durchaus möglich und sinnvoll, bestimmte Vergleiche anzustellen, anhand derer man zumindest entscheiden kann, welches Verfahren, welche Abteilung, welche Bibliothek eines Bibliothekssystemes besser arbeitet als andere, d.h. welche einen größeren Nutzen erbringt.

Zu diesem Zweck sollten Kennziffern gebildet werden, die folgende Aufgaben haben:

(1) Ermöglichung "gesonderter Betrachtung der einzelnen Funktionsbereiche", zum Erkennen von "Störungsquellen"[2]. Unter "Funktionsbereichen" sollen sowohl die Gliederungselemente z.B. des Geschäftsganges (vgl. dazu Punkt 6.) als auch die Strukturelemente, wie sie in Punkt 8.3, entwickelt worden sind, verstanden werden.

(2) Durchführung zwischenbetrieblicher Vergleiche.[3]

Da Kennzahlen sowohl für den innerbetrieblichen als auch für den zwischenbetrieblichen Vergleich geeignet sein können (es aber durchaus nicht immer sind, siehe unten, S.88), findet ein

1) Zur Frage der Bildung von Modellen, die in Abstimmung mit güterwirtschaftlichen Tatbeständen Finanzierungsprogramme entwickeln vgl. Gutenberg, E., a.a.O., 3.Bd. (1969), S. 347 ff.

2) Scheuing, E.E., Unternehmensführung mit Kennzahlen, Baden-Baden 1967, S. 5.

3) Vgl. Kortzfleisch, H.v., Rationalisierungsreserven..., a.a.O., S. 338.

anderes Gliederungsschema Anwendung:

(1) Kennziffern, die Buchdurchlaufzeit betreffend:

(a) der Buchdurchlaufquotient[1]

$$k_{11} = \frac{\text{tatsächliche Bearbeitungszeit}^{2)} (t1)}{\text{Buchdurchlaufzeit (T)}}$$

Der Quotient k_{11} wird angegeben in der Form z.B. 1:10. Das bedeutet: Die Durchlaufzeit eines Buches beträgt 10 Stunden, während die tatsächliche Bearbeitungszeit eine Stunde beträgt.

Der Rechenvorgang sei am Beispiel der Österreichischen Nationalbibliothek kurz erläutert[3]:

26,3 Sachbearbeiter   39.695 Neuzugänge p.a.
1.932 Stunden Jahresarbeitszeit

$$\frac{39.695}{26,3} = 1.509 \text{ Bücher p.a. und Bearbeiter}$$

$$\frac{1.932}{1.509} = 1,28 \text{ Stunden tatsächliche Bearbeitungszeit}$$

In seiner Untersuchung errechnet Schmied für 13 österreichische Bibliotheken eine Schwankung des Buchdurchlaufquotienten von 1:7 bis 1:405[4]. Die diesen Werten entsprechenden Buchdurchlaufzeiten reichen von 8,4 Stunden bis 966 Stunden. Als mögliche Ursache für die Schwankungen werden verschiedene Einflußfaktoren herausgearbeitet[5]:

Die Buchdurchlaufzeit ist positiv korreliert mit der Anzahl der das Buch bearbeitenden Sachbearbeiter, mit der Größe der Bibliothek und mit dem Umfang an jährlichen Neuzugängen. Die aus diesen Ergebnissen gezogenen Konsequenzen wurden bereits im Punkt 6.3., S.52 f. diskutiert.

---

1) Die Darstellung des Buchdurchlaufquotienten ist entnommen der unveröffentlichten Diplomarbeit: "Buchdurchlaufzeit" von K. Schmied, a.a.O., S. 10 ff.

2) Ebenda. S. 6.

3) Vgl. das Beispiel bei K. Schmied, a.a.O., S. 10.

4) ebenda, S. 11.

5) Vgl. dazu ebenda, S. 20.

(b) Andere Kennziffern, die Buchdurchlaufzeit betreffend:

$$k_{12} = \frac{\text{Bearbeitungszeit in einzelnen Abteilungen (t2)}}{\text{Buchdurchlaufzeit (T)}}$$

z.B.:

$$k_{12} = \frac{t_2 \text{ (Titelaufnahme)}}{T}$$

Die notwendigen Daten werden durch Auswertung des Laufzettels gewonnen. Die Kennziffer erscheint geeignet, zur laufenden terminlichen Überwachung der Arbeit der verschiedenen Bearbeitungsstellen im Geschäftsgang sowie zum Aufdecken von Engpässen und Wartestellen[1].

(2) Kennzahlen, die "Arbeitsproduktivität"[2] betreffend

(a) Kennzahl: bearbeitete Bände pro Jahr und Sachbearbeiter:

$$k_{21} = \frac{\text{Zahl der jährlich bearbeiteten Bände}^{3)}}{\text{Zahl der Sachbearbeiter}}$$

Auch diese Kennziffer ist für die von Schmied untersuchten Bibliotheken in Österreich positiv mit der Zahl der Sachbearbeiter korreliert.

(b) Kennzahl: hergestellter Gebrauchswert, bezogen auf die Arbeitszeit[4]:

$$k_{22} = \frac{\Sigma Q}{\Sigma T}$$

Q = hergestellter Gebrauchswert
T = Arbeitszeit

Als hergestellter Gebrauchswert gilt die Anzahl der in einer bestimmten Periode ausgeliehenen Bücher, Fotokopien usw. Die Kennziffer soll die Arbeitsproduktivität der gesamten Bibliothek[5] beschreiben. Deshalb wird unter Arbeitszeit die Ar-

---

1) Vgl. dazu auch Schwarz, G., Über den Geschäftsgang..., a.a.O., S. 388.

2) Zum Begriff der Arbeitsproduktivität in Bibliotheken vgl. Schulze, H., Bemerkungen zur Arbeitsproduktivität in wissenschaftlichen Fachbibliotheken, in: ZfB 78 (1964), 2, S. 84.

3) K. Schmied, a.a.O., S. 22.

4) Vgl. dazu Schulze, H., a.a.O., S. 84 ff.

5) Schulze begründet die Aussagekraft der von ihm konstruier-

beitszeit sämtlicher in der Bibliothek beschäftigten Arbeitskräfte zusammengefaßt.

(3) Kennziffern, Kostengrößen betreffend:

$$k_{31} = \frac{\text{Lohnkosten}^{1)}}{\text{Band}}$$

$$k_{32} = \frac{\text{Lohnkosten}^{1)}}{\text{Buchbinderband}}$$

$$k_{33} = \frac{\text{Kosten des Geschäftsgangs insges.}}{\text{Anschaffungskosten}}$$

$$k_{34} = \frac{\text{Kosten der Buchausleihe}^{2)}}{\text{Band}}$$

$$k_{35} = \frac{\text{Kosten einer Bearbeitungsstelle}}{\text{Kosten des Geschäftsganges insges.}}$$

(4) Kennziffern, die "Befriedigung" der Benutzer betreffend[3]:

$$k_{41} = \frac{\text{0 - Bescheide}^{4)}}{\text{Bestellung}}$$

$$k_{42} = \frac{\text{"nicht vorhanden-Bescheide"}^{5)}}{\text{Bestellung}}$$

$$k_{43} = \frac{\text{Buchwünsche}}{\text{Bestand}}$$

$$k_{44} = \frac{\text{durchschnittliche Wartezeit des Benutzers}}{\text{Bestellvorgang}}$$

$$k_{45} = \frac{\text{durchschnittliche Suchzeit am Katalog}}{\text{Nachweis}}$$

Anhand der Zahlen k_{41}, k_{42} und k_{43} lassen sich Aussagen darüber machen, ob die Bibliothek über einen, den Benutzerwünschen mehr oder weniger entsprechenden Bestand verfügt. k_{44} und k_{45} charakterisieren die Güte von Ablauf- und die Übersichtlichkeit der Kataloge. Die benutzerseitigen Kennziffern

zu S. 86,5) ten Kennziffer damit, daß "sämtliche Tätigkeiten in der Fachbibliothek ausschließlich direkt oder indirekt darauf gerichtet(seien), Literatur auszuleihen"(ebenda, S. 85). M.E. ist es aber in Anbetracht der Vielfalt der Aufgaben einer Bibliothek unzulässig, auf eine so starke Vereinfachung eine Aussage über die Arbeitsproduktivität einer Bibliothek schlechthin zu gründen. Als eine, einen Teilbereich der Bibliothek beschreibende Ziffer erscheint die Kennzahl jedoch geeignet zu sein.

1) Schwarz, G., Über den Geschäftsgang...,a.a.O., S. 386.

2) Vgl. Mayerhofer, J., a.a.O., Tabelle S. 132.

3) Vgl. dazu die Studie von G. Lohse, Ausleihanalyse, in: Mitt.Bl.Bibl. N.F. 18 (1968), S. 124 f.

4) Vgl. dazu Grun wald, G., a.a.O., S. 134.

5) Ebenda. - Diese Kennziffer ist leider wenig aussagekräftig aufgrund des Signierzwanges.

vermögen wohl am ehesten Auskunft über den "Bibliotheksnutzen" zu geben. An ihrer günstigen Gestaltung ist dem Benutzer naturgemäß am meisten gelegen.

(5) Um periodische Vergleiche durchzuführen, empfiehlt sich die Bildung von Indexzahlen durch Standardisierung[1], wie es Schulze am Beispiel der Kennzahl 'Arbeitsproduktivität' gezeigt hat[2].

Was den Vergleich zwischen verschiedenen Bibliotheksbetrieben betrifft, ergeben sich allerdings noch gewisse Schwierigkeiten[3]:

(a) In den verschiedenen Bibliotheken herrscht gegenwärtig noch keine einheitliche, vergleichbare "Technologie". Es unterscheiden sich die Arbeitsverfahren, die administrative Gliederung und damit der Zurechnungsschlüssel von Arbeitspersonen zu ihren Tätigkeiten.

(b) Der Arbeitsgegenstand, insbesondere wissenschaftlicher Bibliotheken, ist vom Inhalt her inhomogen.

(c) Es ist in der Regel die Aufgabe des Rechnungswesens, die zur Steuerung der betrieblichen Vorgänge benötigten Zahlen zu liefern, aber bisher fehlen z.B. eindeutige und allgemein anerkannte Grundsätze für die Kostenermittlung einzelner Arbeitsgänge sowie exakte Arbeitsbeschreibungen und Zuordnungen für Kostenuntersuchungen[4][5]. Die Folge war, daß, wenn schon versucht wurde, Arbeitsvorgänge und die ihnen zuzuordnenden Aufwands- und 'Ertragsgrößen' zu quantifizieren, die Ergebnisse verschiedener Bibliotheken nur sehr bedingt vergleichbar waren[6].

1) Zur Berechnung von Indexzahlen vgl. z.B. Pfanzagl, J., Allgemeine Methodenlehre der Statistik, I, Berlin 1967, S. 67 ff.

2) Schulze, H., a.a.O., S. 84.

3) Vgl. dazu auch Punkt 4.2., S.29 , sowie Kaltschmidt, W., a.a.O., S. 517, und Kortzfleisch, H.v., Rationalisierungsreserven..., a.a.O., S. 338.

4) Vgl. dazu Mechanisierung und Automatisierung..,a.a.O.,S.134.

5) Vgl. zu den Problemen im einzelnen Punkt 7.12, S.57.

6) Vgl. Punkt 4.3., S.31 , insbesondere S. 33.

In letzter Zeit erschienen aber mehrere Arbeiten, die eine Verbesserung dieses Zustandes als möglich erscheinen lassen.[1]

Abschließend sei darauf hingewiesen, daß das Betriebsmittel EDV-Anlage neue Möglichkeiten für das Rechnungswesen erschließt[2].

1) Vgl. dazu die Literaturangaben zu Punkt 4.3. auf S.32 und 33 sowie Fußnote 4 auf S. 57.

2) Vgl. dazu auch Lingenberg, W., Über Datenverarbeitung..., a.a.O., S. 27 ff.

Anlage

Erläuterungen zum Arbeitsablaufplan des Geschäftsganges der Bibliothek der Technischen Universität Berlin

1. Allgemeines

Der hier vorliegende Arbeitsablaufplan, obwohl unter Anwendung allgemein anerkannter Regeln der Netzplantechnik [1] aufgebaut, ist in engerem Sinn nicht als Netzplan zu verstehen, da, um auf bestimmte Merkmale des Geschäftsganges besonders hinweisen zu können, fremde Elemente eingeführt wurden. Diese Merkmale des Geschäftsganges sind:
- die Abteilungsgliederung,
- die sich aus der administrativen Teilung ergebenden zahlreichen Zwischenlager,
- die Vielzahl der Funktionen der wissenschaftlichen Referenten.

Um diese verschiedenen Merkmale herausarbeiten zu können, fanden die folgenden Symbole Anwendung:

2. Zeichenerklärung

______ (a) Tätigkeit, dem Arbeitsgang des Bibliotheksgutes unmittelbar zuzuordnen

– – – – (b) Scheintätigkeit

__ . __ (c) Informationswege (im Prinzip allerdings weitgehend in Scheintätigkeiten auflösbar)

(d) Lager, kurzfristig bzw. für den laufenden Geschäftsgang von geringerer Bedeutung

(e) bezüglich Lagerzeit und Lagerhöhe im Vergleich zu (d) wichtigere Lager

Im Unterschied zu (a) und (b), die eine zeitliche Bindung der beschriebenen Tätigkeiten beinhalten und deswegen immer eine Komponente in der Zeitachse aufweisen müssen, ist (c) nicht an diese Übereinkunft gebunden. Wege, die durch das "(c)"-Symbol beschrieben werden, sind als "andauernd" oder "unendlich kurz" zu betrachten; sie dürfen deshalb des generellen Zeitachse entgegenlaufen.

---

1) Vgl. Dreger, W., Grundzüge der Netzplantechnik, in: Industrie Anzeiger, 88. Jg.Nr. 43, Essen 1966, S. 907 ff.
Ders., Verfahren der Netzplantechnik, daselbst, Nr. 45, S. 944 ff.; ders., Planung und Inbetriebnahme eines Versandlagers, in: fördern und heben, Heft 6, S. 485 ff.

Die Länge einer Tätigkeit auf dem Ablaufplan (d.h. der Abstand i - j) ist nur qualitativ als Fortschreiten der Zeit zu verstehen. Die tatsächlich benötigte (gemessene) Zeit wäre der (nur im Prinzip angezeigten) Zeittabelle zu entnehmen (siehe unten).

3. Abkürzungen

A = den Geschäftsgang abschließende Tätigkeiten
E = Tätigkeiten der Erwerbungs- bzw. Zugangsabteilung
I = Tätigkeiten seitens der Institutsbibliotheken
K = Kauftisch
R = wissenschaftliche Referenten
T = Titelaufnahme
TZ = Titelaufnahme ZHB
TI = Titelaufnahme IBB

4. Verfeinerung der Analyse anhand von Tabellen

Zur Verfeinerung der Analyse empfiehlt sich folgendermaßen zu verfahren:

Es wird eine Tabelle nach dem unten gezeichneten Beispiel (S. 97) aufgeschrieben. Den Feldern i - j, die eindeutig eine Tätigkeit beschreiben, lassen sich nun der durch sie verursachte Aufwand in Einheiten von Geld, Zeit, Arbeitskraft usw. zuordnen:

Tabelle der Tätigkeiten

Tätig-keit	i	j	
E 1	2	3	bestelltes Bibliotheksgut von unverlangtem sondern
E 2	3	6	bestelltes Gut an Buchhändlerkartei bzw. Fortsetzungskartei prüfen und zum Kauftisch bringen
E 3	3	4	Prüfen des unverlangten Gutes anhand des AK und der Bestellkartei, ob Gut bereits "im Hause"
E 4	4	10	bereits vorhandenes Gut zur Rücksendung richten
E 5	4	5	nicht nachgewiesenes Gut zum Kauftisch bringen
E 6	6	7	Kauftisch richten
K 1	7	8	Entscheidung: Ist das vorliegende Gut notwendig?
K 2	8	9	Rückgabe für nicht notwendiges Gut veranlassen
K 3	8	11	Ausfüllen des Laufzettels für verbleibendes Gut (Standort, Zahl der Zettel, Einbandart...) sowie Entscheidung über weitere Bestellungen
K 4	11	12	Transport des Gutes zurück zur Zugangsstelle veranlassen
E 7	12	13	bestelltes Bibliotheksgut von unverlangtem sondern
E 8	13	14	für unverlangtes Bibliotheksgut Bestellscheine schreiben
E 9	15	16	Trennen von Monographien und Zeitschriften
E 10	16	24	Zeitschriften zur Zeitschriftenstelle senden
E 11	16	17	Führung der Fortsetzungskartei
E 12	17	18	Vorbereitung der Rechnungslegung
E 13	18	19	Rechnungen zur Rechnungsstelle (ZHB) weiterleiten
E 14	18	20	Ausfüllen der Lochkarten (statistische Angaben)
E 15	20	21	Lochkarten zur Systemstelle weiterleiten
E 16	20	28	Transport der Bücher zur Titelaufnahme veranlassen

Z 1	22	23	Führung, Überwachung und Auslage von Zeitschriften
Z 2	24	25	Bearbeitung neuer Zeitschriften
Z 3	25	28	Transport zur Titelaufnahme neuer Zeitschriften veranlassen
Z 4	23	74	Regelung der Vergabe von Zeitschriftenbänden an Buchbindereien
I	27	28	IBB liefern Bücher, Rechnungen, Listen und Titelkarten
T 1	28	29	Verteilen des Materialstromes auf die Zweige "Titelaufnahme ZHB (TZ)" und"Titelaufnahme IBB (TI)"
TZ 2	29	30	Titel aufnehmen
TZ 3	30	31	Matrizzen schreiben (es wird angestrebt und zum Teil durchgeführt, TZ 2 und TZ 3 zu einem Arbeitsvorgang zu integrieren und durch eine Diplomkraft zu bewältigen)
TZ 4	31	32	Matrizzen kontrollieren
TZ 5	32	66	Transport der Bücher zu den einzelnen Referenten veranlassen
TZ 6	32	33	Matrizze vervielfältigen lassen
TZ 7	33	34	Tätigkeit der Photostelle dazu
TZ 8	34	35	Einordnen der Titelkarten in den Katalog und Versenden an andere Stellen (z.B. BGK)
TI 2	29	36	Aussondern der Rechnungen insgesamt
TI 3	36	37	Entscheidung: Welche Rechnungen werden mangels anderer Nachweismöglichkeiten zur Titelaufnahme benötigt? (Kriterium: persönliche Erfahrung der Sachbearbeiterin)
TI 4	37	38	"Schmierzettel" ausschreiben, d.h. Titel aufnehmen auf der Grundlage der bei TI 3 ausgesonderten Rechnungen
TI 5	38	42	Schmierzettel zur Prüfung am AK bereitlegen

TI 6	39	40	auf allen Rechnungen Sichtvermerk anbringen und ihren Durchlauf statistisch erfassen
TI 7	40	41	Rechnungen zur Rechnungsstelle (ZHB(weiterleiten
TI 8	36	43	andere Unterlagen zur Prüfung am AK bereitlegen
TI 9	43	44	Prüfung am AK, ob Buch aus IBB schon erfaßt ist; wenn ja, Institutssiegel nachtragen; für diese Titel endet hier die Bearbeitung
TI 10	44	45	Bücher von Karten, Listen usw. trennen
TI 11	45	46	Entscheidung: Zahl der benötigten Titelkarten $\geqq$ 3?
TI 12	46	47	Zahl > 3; Titel aufnehmen
TI 13	47	48	Titel auf Matrizze schreiben (im Idealfall stellen TI 12 und TI 13 ein und denselben Arbeitsvorgang dar; vgl. TZ 2 und TZ 3)
TI 14	48	49	Matrizzen vervielfältigen lassen
TI 15	49	50	diesbezügliche Tätigkeit der Photostelle
TI 16	46	60	Zahl der Titelkarten = 3
TI 17	45	51	Karten von Listen trennen
TI 18	51	52	Entscheidung: Welche Karten sind für den AK geeignet?
TI 19	52	53	zureichende Karten mit Institutssiegel versehen und in den Katalog einstellen
TI 20	52	54	bibliographisch unzureichende Karten ablegen (zur späteren Aufbereitung zu einem Sonderkatalog)
TI 21	51	55	Listen von anderen Unterlagen trennen
TI 22	55	56	für Unterlagen, die nicht Listen und nicht "Schmierzettel" (vgl. TI 4) sind, ad hoc Maßnahmen ergreifen; "Schmierzettel" zur späteren Aufbereitung zu einem Sonderkatalog ablegen
TI 23	55	57	Entscheidung: Welche Angaben in den Listen sind bibliographisch zureichend, welche unzureichend?
TI 24	57	58	Listen mit unzureichenden Angaben ablegen (zur späteren Aufbereitung zu einem Sonderkatalog)

TI 25	57	60	Listen mit zureichenden Angaben
TI 26	60	61	Titelaufnahme auf Karte durch Diplomkraft
TI 27	61	62	nochmaliges Schreiben der Titelkarte mit Durchschlag durch Hilfskraft
TI 28	62	63	Sortieren der Titelkarten nach Aufstellungsort,(AK, BGK, IBB)
TI 29	63	65	Titelkarten und Bücher zurück an IBB
TI 30	63	64	Titelkarten für den AK dort einordnen; für andere Aufstellungsorte Transport veranlassen
R 1	66	67	Sachkatalogisierung
R 2	68	69	muß das Gut noch von einem anderen Referenten bearbeitet werden?
R 3	69	70	Transport zu anderem Referenten veranlassen
R 4	69	71	Transport zur nächsten Bearbeitungsstelle veranlassen
A 1	72	73	Trennen von Monographien und Zeitschriftenheften
A 2	73	74	Zeitschriftenhefte ablegen
A 3	73	75	Monographien bereitlegen für Buchbinder (i.d.R. Hausbuchbinderei)
A 4	74	76	gemäß Regelung der Zeitschriftenstelle gesammelte Jahrgänge zum Binden bereitlegen (i.d.: Fremdbuchbinderei)
A 5	75	76	Transport zur Buchbinderei veranlassen
A 6	77	78	Tätigkeit Buchbinderei
A 7	78	92	Meldung des Einganges der gebundenen Jahrgänge an den AK und Weitergabe der Zeitschriftenbände an die Schlußstelle
A 8	75	79	Transport zur Hausbuchbinderei veranlassen
A 9	79	80	Tätigkeit Hausbuchbinderei
A 10	80	81	Aufkleben und Beschriften der Signaturschildchen u.a.m.
A 11	81	82	Transport zur Schlußstelle veranlassen
A 12	82	83	Einschieben der Buchkarte

A 13	83	84	Messen, Wägen und andere Tätigkeiten
A 14	84	85	Aufstellen im Magazin
A 15	84	86	Transport veranlassen zu den verschiedenen Benutzerräumen (Lesesäle, Katalogsaal usw.)
A 16	86	87	systematische Aufstellung nach den Anweisungen eines Referenten

Tabelle: Tätigkeit, Zeitaufwand, Kosten, Arbeitskräfte (es handelt sich selbstverständlich um getrennt aufzustellende Tabellen)

Alle Zahlen haben nur beispielhaften Charakter!

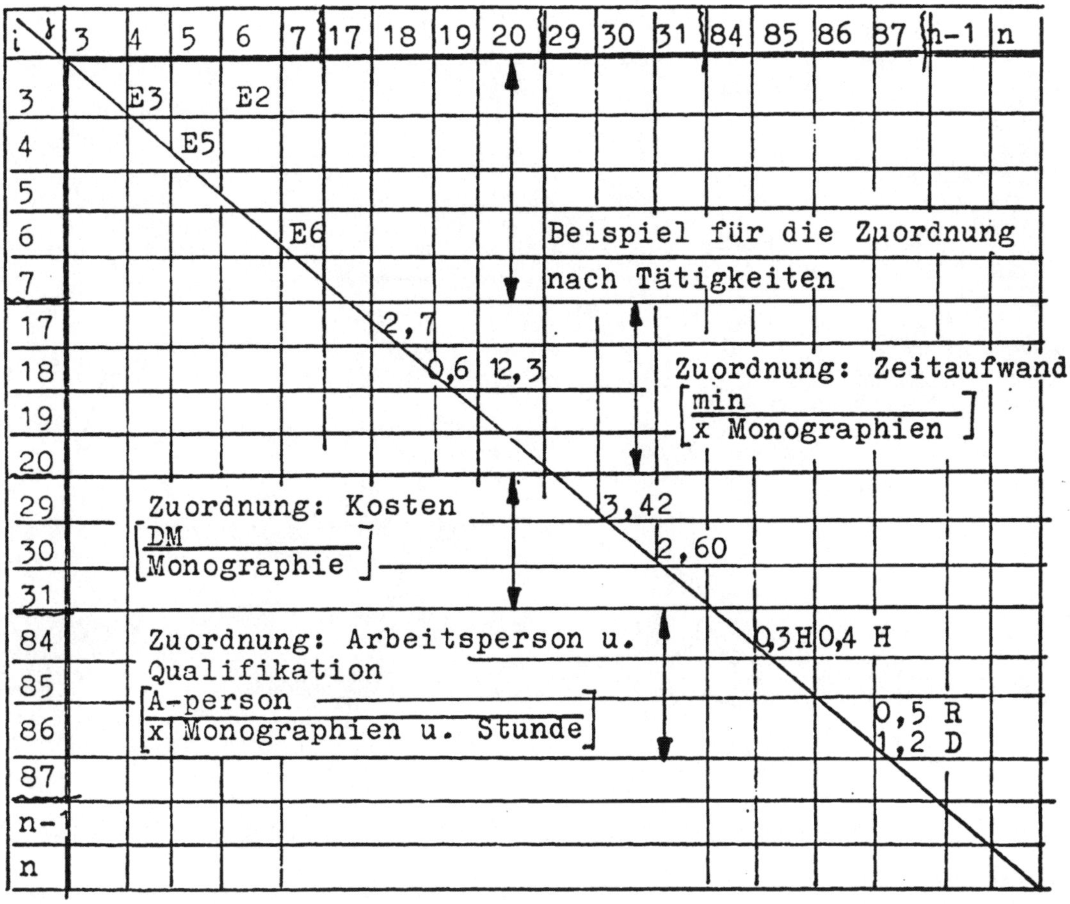

H = Hilfskraft

D = Diplomkraft

R = Referent

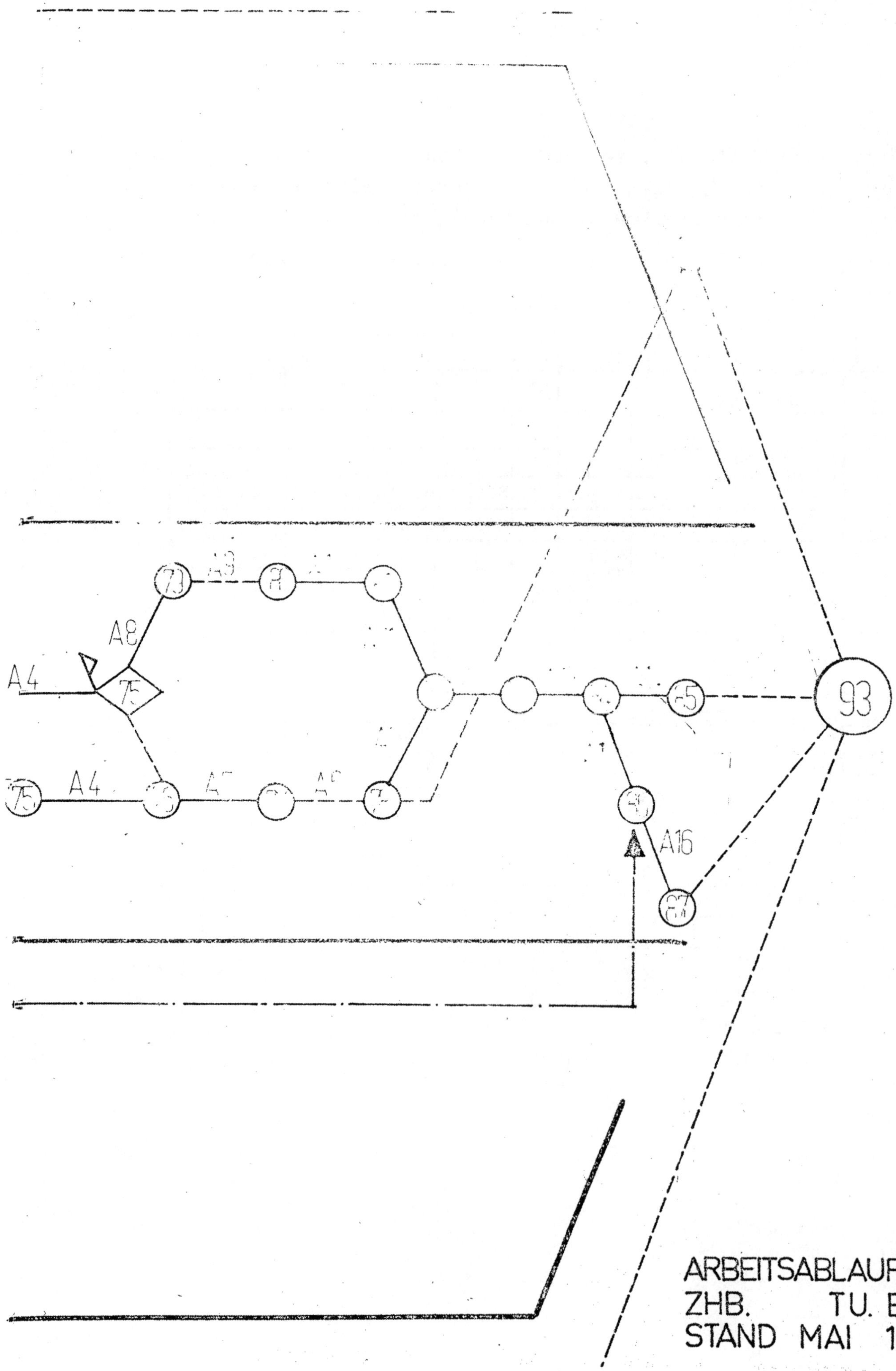

ARBEITSABLAUFPLAN
ZHB. TU. BERLIN
STAND MAI 1969

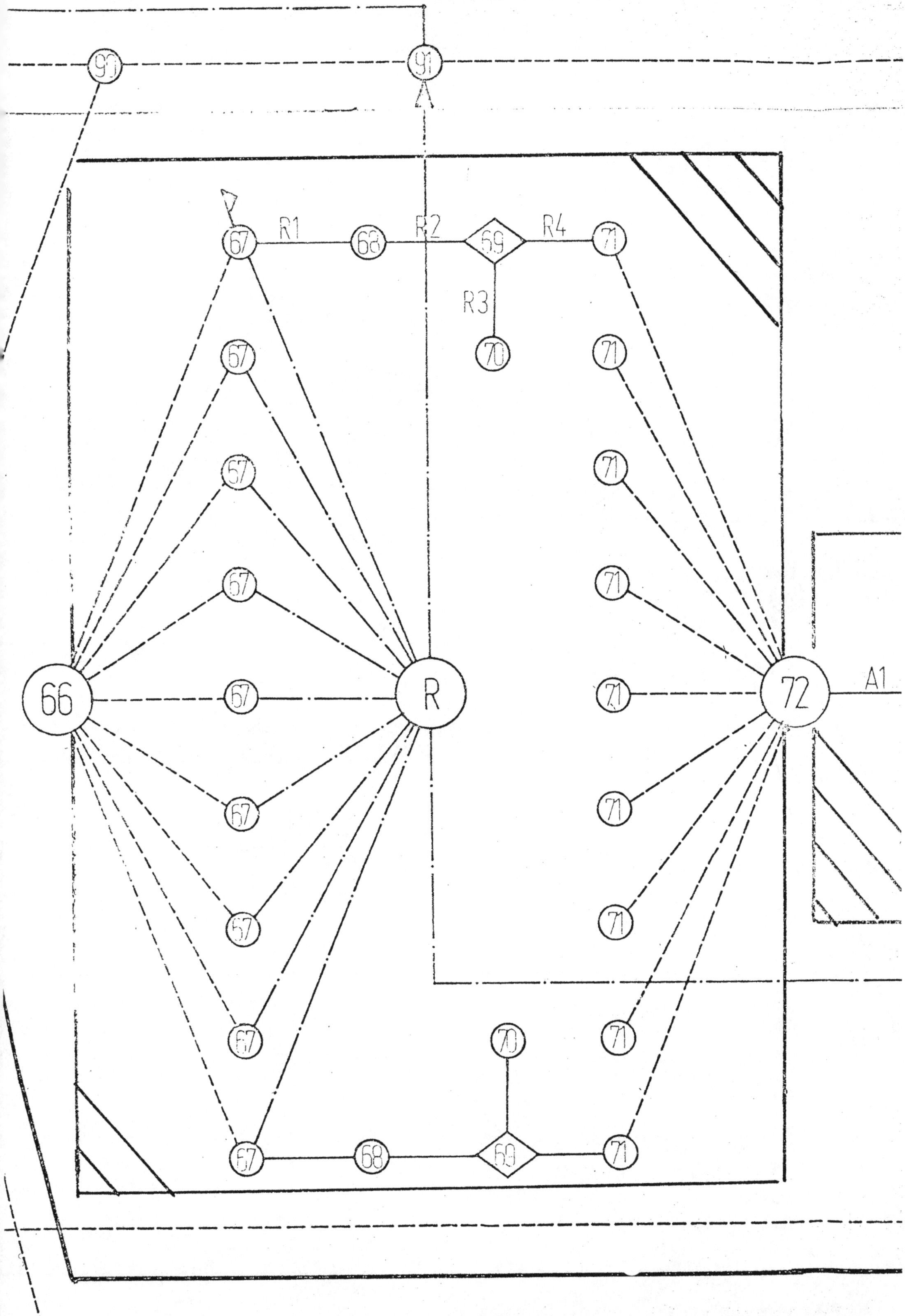

90
91
R1
R2
R4
R3
67
68
69
70
71
66
R
72
A1

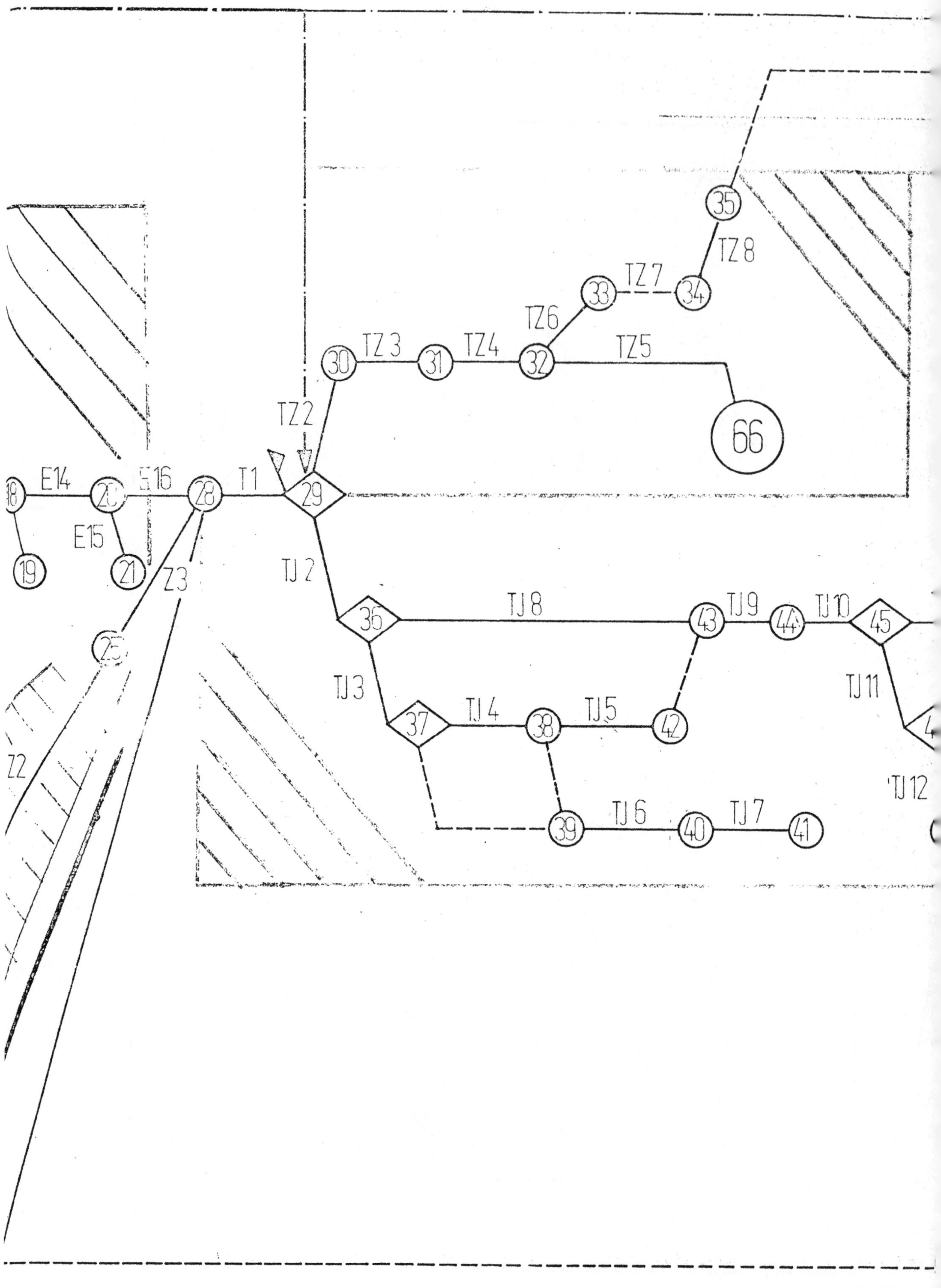

E14
E15
E16
T1
TZ2
TZ3
TZ4
TZ5
TZ6
TZ7
TZ8
TJ2
TJ3
TJ4
TJ5
TJ6
TJ7
TJ8
TJ9
TJ10
TJ11
TJ12
Z2
Z3
18
19
20
21
25
28
29
30
31
32
33
34
35
36
37
38
39
40
41
42
43
44
45
66

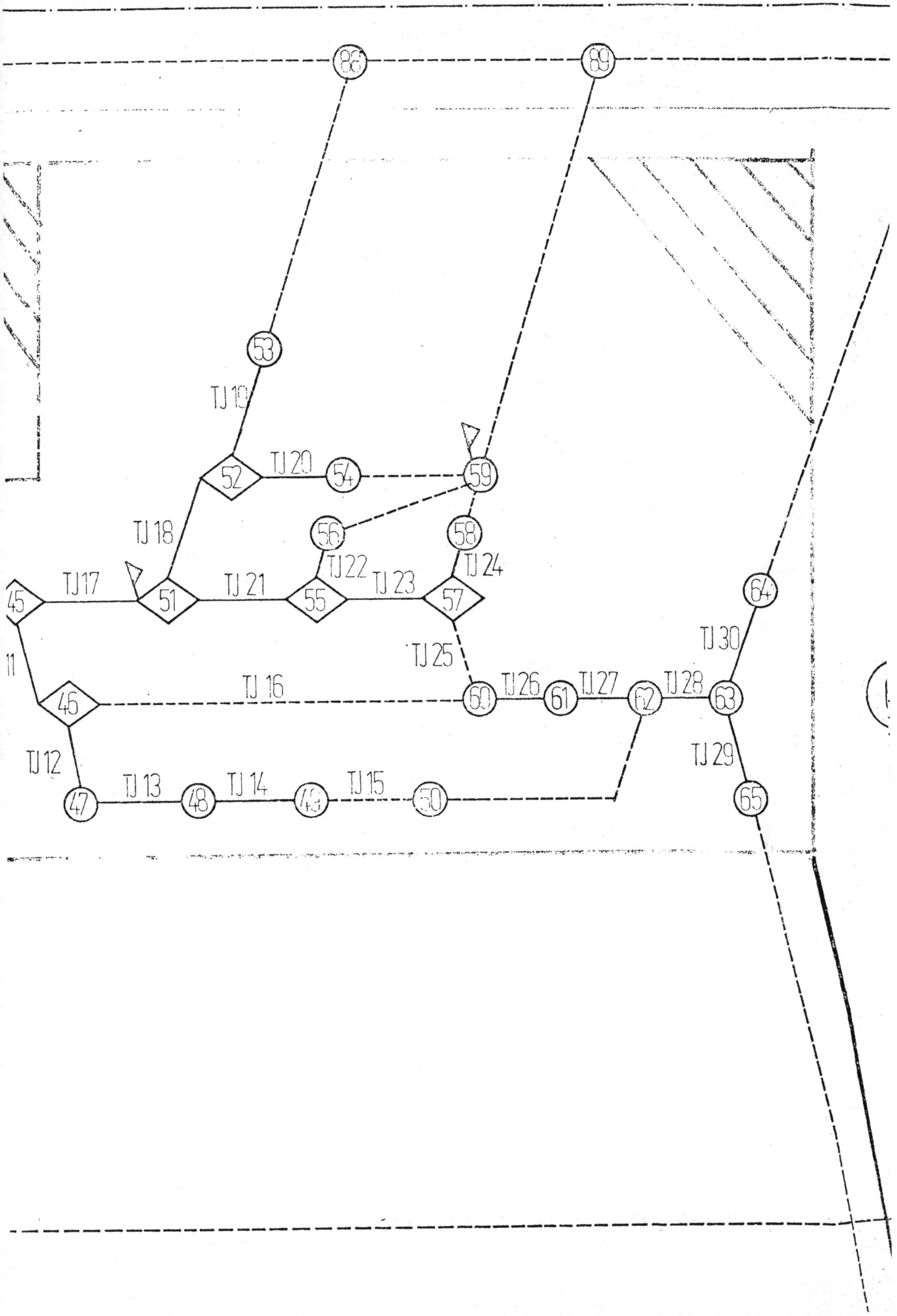

88
89
53
TJ 19
52
TJ 20
54
59
56
58
TJ 18
TJ 17
45
51
TJ 21
55
TJ 22
TJ 23
57
TJ 24
TJ 25
11
46
TJ 16
60
TJ 26
61
TJ 27
62
TJ 28
63
TJ 30
64
TJ 29
65
TJ 12
47
TJ 13
48
TJ 14
49
TJ 15
50

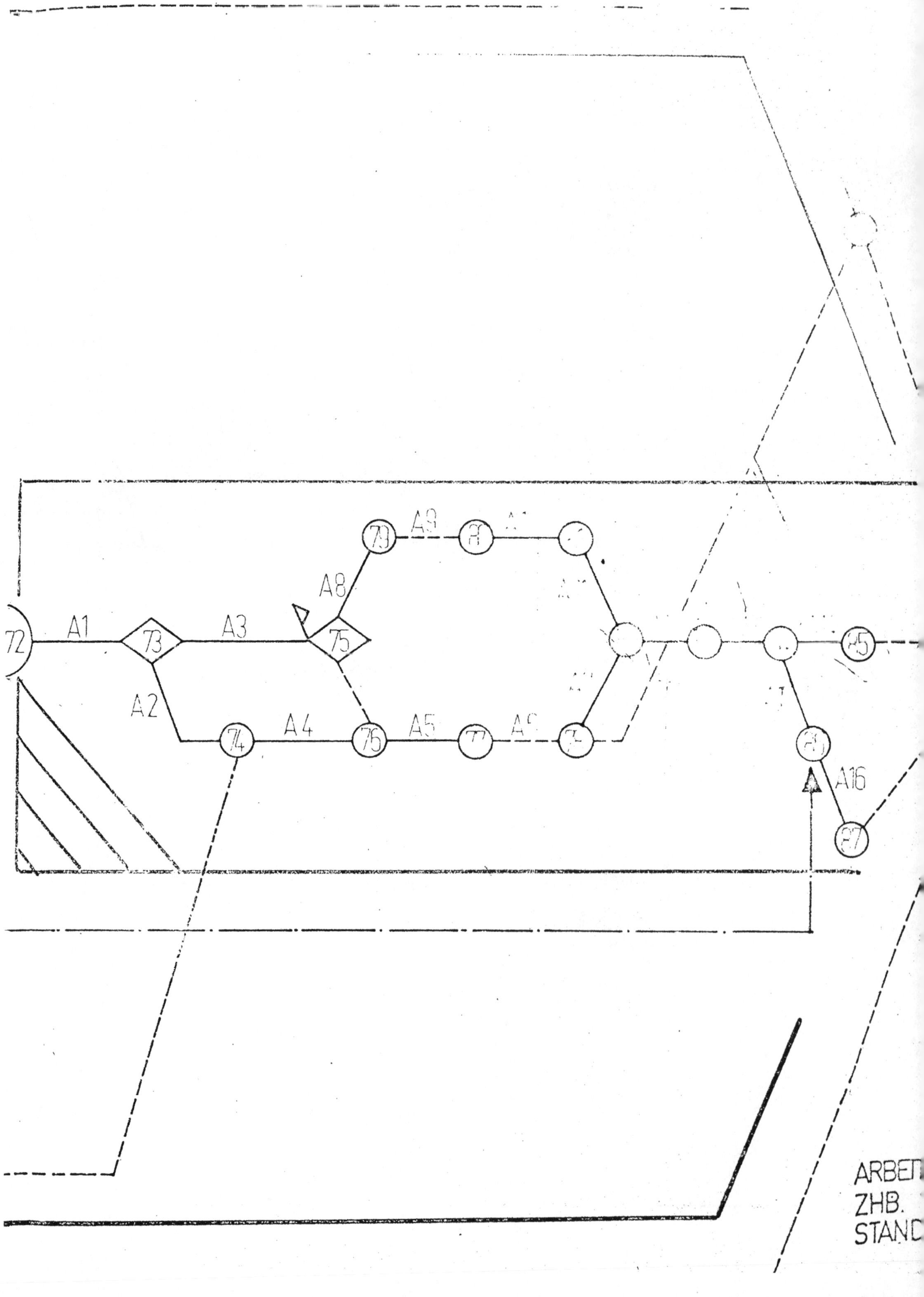

72
A1
73
A3
75
A8
79
A9
A2
74
A4
76
A5
77
85
A16
87
ARBEIT
ZHB.
STAND

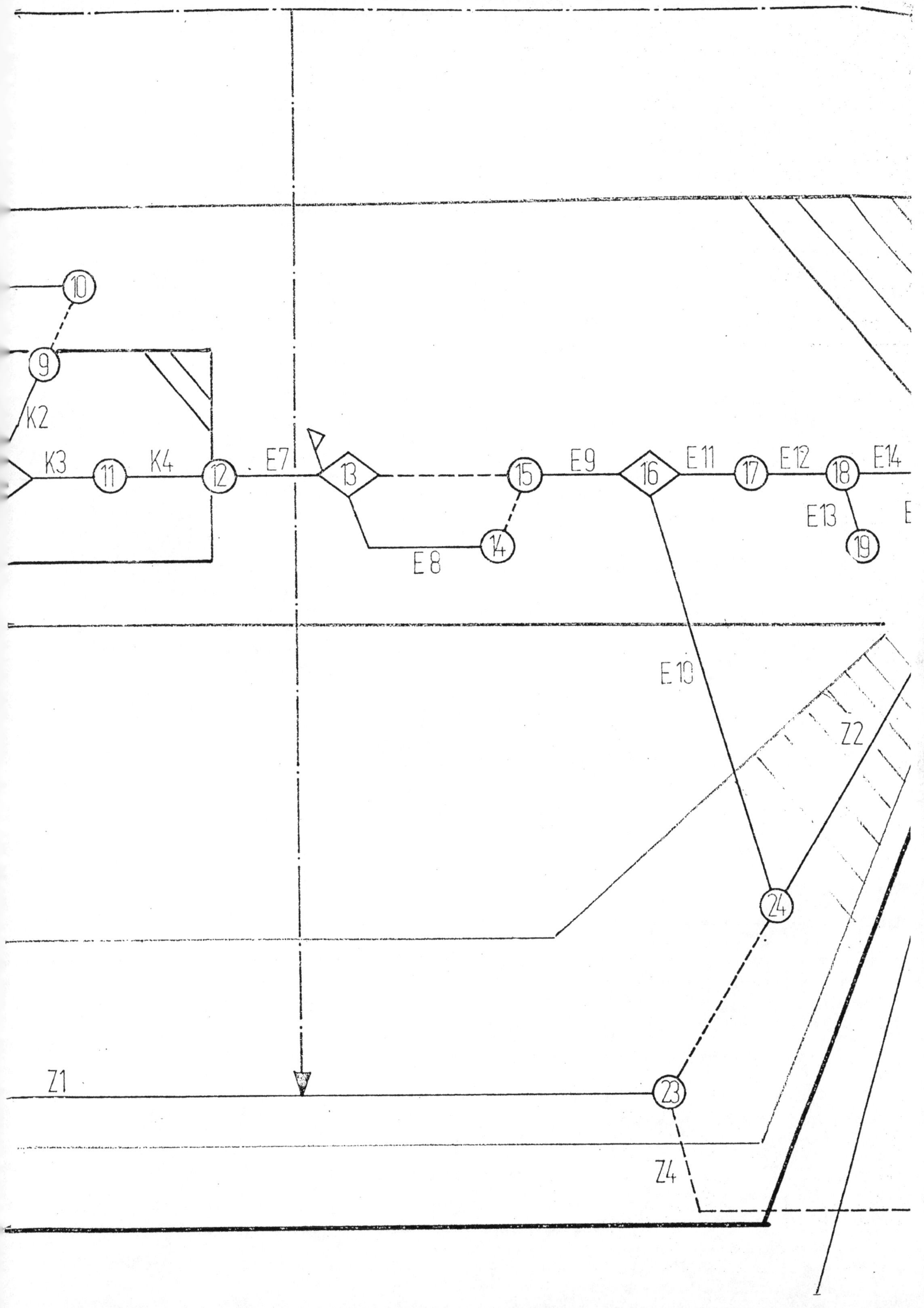
10
9
K2
K3
11
K4
12
E7
13
15
E9
16
E11
17
E12
18
E14
E13
19
14
E8
E10
Z2
24
Z1
23
Z4

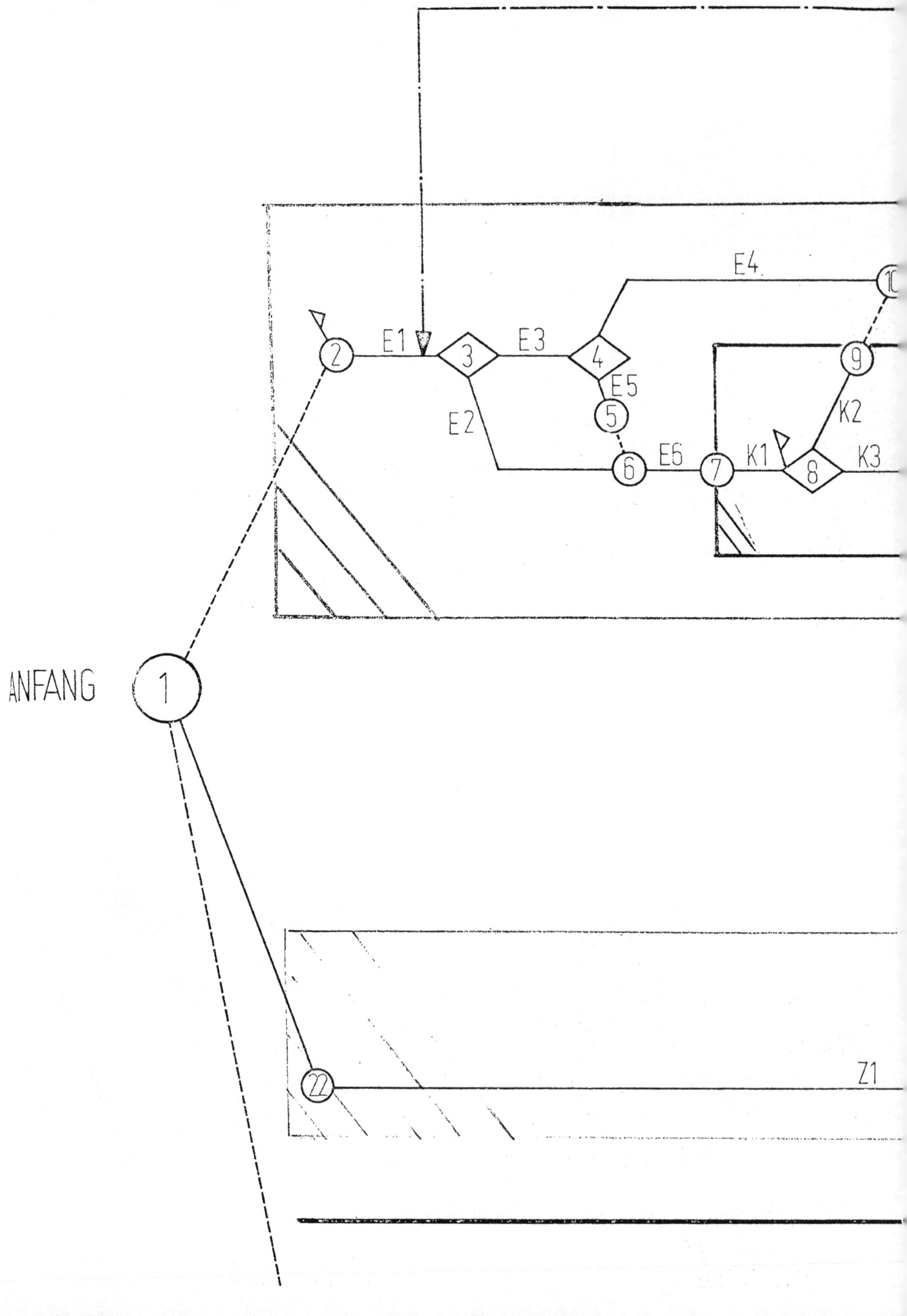
ANFANG
1
2
E1
3
E3
4
E5
5
E2
6
E6
7
K1
8
K3
9
K2
E4
22
Z1

Literaturverzeichnis

Acker, B., Zur Theorie der organisatorischen Stellengliederung, Dissertation TU Berlin 1952.

Altfelder, K., Stabsstellen und Zentralabteilungen als Formen der Organisation der Führung, Dissertation TU Berlin 1965.

Arbeitsuntersuchungen in der Kommunalverwaltung, KGST, 4.Aufl., Köln 1967.

Arbeitsorganisation wissenschaftlicher Bibliotheken, KGST, Köln, und DFG, Bad Godesberg, 1969.

Automation and the library of congress, Washington 1963.

Automation in libraries, Redstone Scientific Information Center Redstone Arsenal, Alabama, June 1967.

Automation in the library. When, where and how, Purdue University Libraries, Lafayette (Indiana) 1965.

Barlen, S., Mevert, P., Zeitliche Erfassung der Aufgabenverteilung in der Dokumentationsstelle durch Multimomentaufnahmen, in: NfD 12 (1961).

Bibliotheksbauten in der BRD, in: ZfBB, Sonderheft 9 (1968).

Bibliotheksplan, I. Entwurf für ein umfassendes "Netz" allgemeiner öffentlicher Bibliotheken und Büchereien, Deutscher Büchereiverband, Berlin 1969.

Boden, H., Gedanken zur Prognose bibliothekarischer Bildung, in: Der Bibliothekar. Zeitschrift für das Bibliothekswesen, 4(1969).

Bössmann, E., Die ökonomische Analyse von Kummunikationsbeziehungen in Organisationen, Berlin 1967.

Braun, H., Die zentrale Hochschulbibliothek heute, in: Zeitschrift für Bibliothekswesen und Bibliographie (ZfBB), XI (1968), 5/6.

Burgemeister, B., und Prasse, W., Geschäftsgangsprobleme, hrsg. von der Methodischen Beratungsstelle für Bibliothekspropaganda bei der Deutschen Staatsbibliothek, Berlin 1962.

Cartwright, Kelley L., Catalogs in Book Form, Institute of Library Research, University of California, 1967.

Cherry, C., On Human Communication, dtsch.: Kommunikationsforschung - eine neue Wissenschaft, Hamburg 1963.

Churchman, C.W., Ackoff, R.A., Arnoff, E.L., Operations Research. Eine Einführung in die Unternehmensforschung. Deutsche Übersetzung, 3.Aufl., Wien 1966.

Dahlberg, J., Organisation des Dokumentationswesens auf nationaler und internationaler Ebene, in: NfD 15 (1964), 2,

- Verwirklichung einer modernen Universitätsbibliothek, in: Mitt.Bl.Bibl., N.F. 15 (Nr. 2), Bochum 1965.

Dreger, W., Grundzüge der Netzplantechnik, in: Industrie-Anzeiger, 88.Jg., Nr. 43, Essen 1966.

- Verfahren der Netzplantechnik, ebenda, Nr. 45.
- Planung und Inbetriebnahme eines Versandlagers, in: fördern und heben 1966, Heft 6.

Dürr, H.G., DOKAUS - ein Organisationskonzept für Dokumentations- und Auskunftssysteme mit elektronischen Verarbeitungsanlagen, in: IBM Nachrichten 19 (1969), 194.

Dux, W., Fragen der Technisierung von Bibliotheken, in: ZfB, 78 (1964) 6.

- Standardisierung im wissenschaftlichen Bibliothekswesen, in: ZfB 77 (1963) 5.
- und Ith, G., Die Ermittlung erfahrungsstatistischer Werte für den Arbeitsaufwand bei einzelnen Tätigkeiten in wissenschaftlichen Bibliotheken in der DDR, in: ZfB 78 (1964 9.

Empfehlungen des Beratungsausschusses für die Gründung einer Universität zu Bremen, Bremen 1963.

- zum Aufbau einer Universität in Dortmund, Teil I, Empfehlungen zur Struktur, hrsg. vom Kultusminister des Landes Nordrhein-Westfalen, Dortmund 1965.
- des Wissenschaftsrates zum Ausbau der wissenschaftlichen Einrichtungen, Teil II, Wissenschaftliche Bibliotheken, Bonn 1964.

Erfahrungen und Probleme der Datenverarbeitung an der UB Bochum, in: EDV in der UB Bochum (G. Pflug), Bochum 1968.

Faehndrich, H., Die Bedeutung der Zeitstudie für das Bibliothekswesen, in: ZfBB, 8 (1961).

Festgabe H. Fuchs, Aktuelle Probleme der Bibliotheksverwaltung, hrsg. von E. Wagner, Wiesbaden 1966.

Fisher, G.H., The Role of Cost-Utility Analysis in Program Budgeting, in: David Novick (Ed.), Program Budgeting, Program Analysis and the Federal Budget, Cambridge 1965.

Fock, J., Die Auskunftserteilung als bibliothekarische Aufgabe, in: ZfBB 9 (1962).

Fuchs, H., Bibliotheksverwaltung, Wiesbaden 1963.

Gröner, N.E., Die Bedeutung der EDV für die Organisationsstruktur des Industriebetriebes, in: Zeitschrift für Datenverarbeitung, 1 und 2, 1969.

Grundzüge des einheitlichen Bibliothekssystems der DDR, Entwurf, in: ZfB, 76 (1965) 3.

Grunwald, W., Kooperation Universitätsbibliothek - Universität, in: Mitt.Bl.Bibl., N.F. 17 (1967).

Gutenberg, E., Grundlagen der Betriebswirtschaftslehre, Bd. I, Die Produktion, 14.Aufl., Berlin 1968, und Bd. III, Die Finanzen, 1.Aufl., Berlin 1969.

Haenisch, W., Was können die bestehenden Hochschulbibliotheken den Neugründungen entnehmen? in: ZfBB 12 (1965).

Intrex - Report of a Planning Conference on Information Transfer Experiments, ed. by C.F.J. Overhage and R.J. Harman, MIT-Press, Cambridge, Mass. 1965.

Fünfzehn Jahre Bibliotheksarbeit der DFG 1949 - 1964, in: ZfBB, Sonderheft 4 1966.

Kalscheuer, H.D., Vorlesung über Planung und Kontrolle mit elektronischen Datenverarbeitungsanlagen, TU Berlin, SS 1968.

Kaltschmidt, W., Wissenschaftliche Bibliotheken und Steigerung der Arbeitsproduktivität, in: ZfB 78 (1964), 9.

Kaltwasser, F.G., "Elektronische Kataloge in Bibliotheken", in: Mitt.Bl.Bibl., N.F. 15 (1965) 1.

Karstedt, P., Studien zur Soziologie der Bibliotheken, in: Beiträge zum Buch- und Bibliothekswesen, Bd. I, Wiesbaden 1954.

Gutenberg, E., Grundlagen der Betriebswirtschaftslehre, Bd. I, Die Produktion, 14.Aufl., Berlin 1968, und Bd.

Kessler, M.M., The MIT Technical Information Project, in: Physics Today, 28th March 1965.

Kluth, R., Bibliotheksstruktur und Baustruktur, in: ZfBB, 2 (1965).

- Die UB Bremen, in: Mitt.Bl.Bibl., N.F. 12 (1965).

Knox, W.T., Informationsarbeit für die Forschung, in: NfD, 13 (1962) 1.

Kortzfleisch, H.v., Rationalisierungsmöglichkeit in wissenschaftlichen Bibliotheken, Gutachten, erstattet im Auftrag der Deutschen Forschungsgemeinschaft, Bad Godesberg 1969.

- Rationalisierungsreserven in wissenschaftlichen Bibliotheken; die wissenschaftliche Bibliothek aus betriebswirtschaftlicher Sicht, in: ZfBB, 15 (1968) 5/6.

Krueger, J., Zu den Beziehungen zwischen der Universitätsbibliothek und den Institutsbibliotheken zur Zeit Althoffs, in: ZfB, 81 (1967) 9.

Kunze, H., Grundzüge der Bibliothekslehre, 3.Aufl., Leipzig 1966

- und Rätz, K., Bibliothek - Dokumentation - Information, in: ZIID 12 (1965) 1.

Lechmann, H., Dokumentation und Information als Anliegen der BRD, in: NfD 15 (1964) 4.

Leihverkehrdisziplin als Leitungsaufgabe, Diskussionsbeitrag in: ZfB 82 (1968) 6.

Lingenberg, W., Über Datenverarbeitung und spezielle Bibliotheksprobleme, in: Mitt.Bl.Bibl., N.F. 17 (1967).

- Computereinsatz in Bibliotheken der BRD, in: ZfBB 16 (1969), 1.

Lohse, G., Ausleihanalyse, in: Mitt.Bl.Bibl., N.F. 18 (1968) 2.

Luhn, H.P., Automation und Feedback in einem umfassenden wissenschaftlichen Kommunikationssystem, in: NfD, 10 (1959)

Mathieu, J., Barlen, S., Richtwerte für Zeitaufwand und Kosten von Dokumentationsarbeiten, Forschungsberichte des Wirtschafts- und Verkehrsministeriums Nordrhein-Westfalen Nr. 636, Köln 1958.

Mayerhöfer, J., Betriebswirtschaftliche Untersuchungen in Österreichischen Bibliotheken, in: ZfB 82 (1968) 3.

Mellerowicz, K., Allgemeine Betriebswirtschaftslehre, Band I, 12.Aufl., Berlin 1964, und Band IV, 11.Aufl., Berlin 1963.

Meyer, G., Zur Methodik der Erarbeitung von Erwerbungsgrundsätzen, in: ZfB 82 (1968) 8.

Mikat, P., Schelsky, H., Grundzüge einer neuen Universität, Gütersloh 1966.

Mikrofilm oder Original im Leihverkehr? Diskussionsbeitrag, in: ZfB 78 (1964) 9.

Möbus, R., Arbeitsstudium in wissenschaftlichen Bibliotheken, in: ZfB 82 (1968) 6.

Oertel, D., Der Aufbau zentraler Fachbibliotheken in der BRD, in: ZfBB 13 (1966).

Organisation und Arbeitsmethoden der kommunalen Büchereien in Schweden, Deutsche Übersetzung, KGST, Köln 1962.

Pauer, M., Die UB Regensburg, in: ZfBB 12 (1965).

Pfanzagl, J., Allgemeine Methodenlehre der Statistik I, 4. Aufl., Berlin 1967.

Pflug, G. (Hrsg.), Mechanisierung und Automatisierung in amerikanischen Bibliotheken, in: ZfBB, Sonderheft 6, 1967.

- Probleme der EDV in Bibliotheken, in: Libri 15 (1965).
- Das Verhältnis der Universitätsbibliothek zu den Institutsbibliotheken an den neugegründeten Universitäten, in: Mitt.Bl.Bibl., N.F. 17 (1967).

Pietsch, E., Struktur von Informationseinrichtungen, in: NfD 15 (1964) 4.

Proceedings of the 1963/1964/1965/1966 Clinic on library applications of data processing, Graduate School of Library Science, University of Illinois, 1963, 1964, 1965, 1966.

Rationalisierung der öffentlichen Büchereien Dänemarks, Gutachten des Rationalisierungskommittees des Dänischen Bibliotheksverbandes, dtsch. Übersetzung, Wiesbaden 1967.

Report of the planning commission for a new university of Boca Raton, edt. by the Board of Control, Tallahassee, Florida 1961.

Reuter, J., Zur Forschungspolitischen Konzeption der Bundesregierung, in: Schmollers Jahrbuch für Wirtschafts- und

Sozialwissenschaften, 88 (1968) 1.
Richtzahlen, KGST, Köln 1964, 1. Ergänzung 1966.
Sauter, H., Dissertationentausch, in: Mitt.Bl.Bibl., N.F. 17 (1967) 4.
Scheuing, E.E., Unternehmensführung mit Kennzahlen, Baden-Baden 1967.
Schmied, K., Buchdurchlaufzeit. Unveröffentlichte Diplomarbeit an der TH Wien, Institut für Mechan. Technologie II und Betriebstechnik (1966/67).
Schmoll, G., Zur Funktion der Bibliothek in der Informationsarbeit, in: ZIID 12 (1965) 2.
Schulze, H., Bemerkungen zur Arbeitsproduktivität in wissenschaftlichen Fachbibliotheken, in: ZfB, 78 (1964) 2.
Schwarz, G., Über den Geschäftsgang in den wissenschaftlichen Bibliotheken, in: ZfB, 81 (1967) 7.
- Zur Rationalisierung im wissenschaftlichen Bibliothekswesen, in: ZfB, 81 (1967) 11.
Steinbuch, K., Zukunftsaufgaben der Informationstechnik, in: ZfBB, 15 (1968) 5/6.
Stoltzenburg, J., Zentralisierung und Dezentralisierung. Ein Entwurf und Gegenentwurf für ein Bibliothekssystem der Universität Bielefeld, in: Mitt.Bl.Bibl., N.F. 18 (1968) 2.
Strukturentwurf für Bielefeld (G. Pflug), in: Mitt.Bl.Bibl., N.F. 17 (1967).
Die Universität Regensburg, Struktur und Aufbau, Hrsg.: Bayerisches Staatsministerium für Unterricht und Kultus, Regensburg o.J.
Vorberg, H., und Wallach, K.S., Zur Koordinierung der Beschaffung von Monographien im Bereiche der Universitäten, in: Mitt.Bl.Bibl., N.F. 17 (1967).
Wallach, K.S., Koordinierung zwischen Universitätsbibliothek und Institutsbibliotheken, in: Mitt.Bl.Bibl., N.F. 16 (1966) 3.
- Kooperation, Koordination oder Zentralisation. Arbeiten

aus dem Bibliothekar-Lehrinstitut des Landes Nordrhein-Westfalen, Heft 27, Köln 1965.

Wiegand, D., Die Auskunftspolitik von Universitätsbibliothek Studierenden gegenüber, in: Libri 17 (1967) 11.

Wörterbuch der Kybernetik, G. Klaus, Berlin 1968.

Zekalle, R., Zur Ökonomie in der Information, in: ZIID 12 (1965) 6.

Abkürzungen für Zeitschriften:

Mitt.Bl.Bibl.	Verband der Bibliotheken des Landes Nordrhein-Westfalen, Mitteilungsblatt
NfD	Nachrichten für Dokumentation
ZfB	Zentralblatt für Bibliothekswesen
ZfBB	Zeitschrift für Bibliothekswesen und Bibliograp
ZIID	Zentralinstitut für Information und Dokumentation

Berichtigung:

Die Symbole v und w wurden auf den Seiten 63, 64 und 65 versehentlich als V und W geschrieben.

FSC
www.fsc.org
MIX
Papier | Fördert
gute Waldnutzung
FSC® C083411

Kolibri 360 GmbH
Ferdinand-Jühlke-Straße 7
99095 Erfurt, Deutschland
produktsicherheit@kolibri360.de